智元微库
OPEN MIND

成 长 也 是 一 种 美 好

BURN
烧掉你的船
THE BOATS

将焦虑转化为积极行动的9个策略
Toss Plan B Overboard and Unleash Your Full Potential

[美]马特·希金斯（Matt Higgins）著

文隐尘 译

人民邮电出版社

北京

图书在版编目（CIP）数据

烧掉你的船 ：将焦虑转化为积极行动的 9 个策略 /
（美）马特·希金斯（Matt Higgins）著 ；文隐尘译. --
北京 ：人民邮电出版社，2024.6
ISBN 978-7-115-64081-9

Ⅰ.①烧… Ⅱ.①马… ②文… Ⅲ.①成功心理—通
俗读物 Ⅳ.① B848.4-49

中国国家版本馆 CIP 数据核字（2024）第 066832 号

◆ 著 ［美］马特·希金斯（Matt Higgins）
　　译 文隐尘
　责任编辑 张渝涓
　责任印制 周昇亮
◆ 人民邮电出版社出版发行　　北京市丰台区成寿寺路 11 号
　邮编 100164　电子邮件 315@ptpress.com.cn
　网址 https://www.ptpress.com.cn
　天津千鹤文化传播有限公司印刷
◆ 开本 880×1230　1/32
　印张 10.25　　　　　　　　2024 年 6 月第 1 版
　字数 260 千字　　　　　　2024 年 6 月天津第 1 次印刷
　著作权合同登记号　图字：01-2023-5695 号

定 价：59.80 元
读者服务热线：（010）67630125　印装质量热线：（010）81055316
反盗版热线：（010）81055315
广告经营许可证：京东市监广登字 20170147 号

前言

在我 48 岁的时候，我决定去刺我人生中的第一个文身。我紧张兮兮地走进曼哈顿下东区的一个文身店，在门口迎接我的是一位名叫郑宇哲的文身艺术家，他现在叫自己洛（Low）。洛笑着对我说："你过来准备烧掉你的船啦？"——我立刻放下了戒备。洛是一个高大的年轻人，全身从头到脚满是文身，他灿烂的笑容和一尘不染的工作室与纽约这个灰突突的街区显得格格不入。洛在韩国首尔长大，有一个似乎无法企及的梦想：他想成为自己祖国的文身艺术家，但这看起来几乎是不可能的。"在韩国，文身行业处境艰难，"洛向我解释道，"政府规定，文身只能由医生来做。如果你想以文身为业，你必须有行医执照。因此，很多才华横溢的文身艺术家只能去海外发展。"

洛就是这些艺术家中的一位。他 19 岁时从大学退学，决定前往美国。当洛把自己的计划告诉父母时，他们都哭了。"他们觉得文身是不务正业的人才去做的。"洛去了纽约，加入了"Blindreason"①文身工作室，在那里，他将东方传统文化融入

---

① 本书中提及的外国工作室、公司、品牌等较多，其中，有官方中文译名的机构或品牌，本书使用其中文译名，而没有官方中文译名的机构或品牌，本书则保留其外语原名。——编者注

了他的艺术，也将韩国书法设计和韩国、日本及中国的文字符号运用到了他的艺术中。

多年来，洛会一遍又一遍地告诉自己：没有回头路可走。——他用韩语解释了你手中这本书的标题。

在写《烧掉你的船》这本书时，我发现这种古老的思想源自亚洲，我很好奇为什么西方文化对此大多视若无睹。伟大的中国将领、军事战略家、作家和哲学家孙子首次提出了这一哲学思想。孙子在他的经典军事战略著作《孙子兵法》中写道："帅与之深入诸侯之地，而发其机，焚舟破釜。"他让士兵没有回头路可选，要想活下去，只能去战胜敌人。

公元前 207 年，中国的项羽首次使用了这一军事战术。那年，项羽率军渡过漳水后，命令士兵把船全部凿沉，把炊具全部捣坏，只留下三日的粮草。因为无路可退，项羽的军队大获全胜。

我决定不用英文单词来文身，而是在右臂文上汉字"破釜沉舟"，我绝不半途而废。

我在时尚杂志 VOGUE 上读到了一篇文章，它赞扬了那些在美国走红的亚裔文身艺术家，而洛就是其中之一。洛坚信自己之所以会成功，是因为他没有给自己留退路。当洛开始赚钱并拥有了一群粉丝（他在某社交网站上有近两万名粉丝）后，他的父母最终也理解了他，并鼓励他继续前进。

"从事文身艺术是有风险的。如果你有退路，你就不会百分之百地投入。你必须百分之百地投入。"

洛的处世哲学和我文在手臂上的话不谋而合，我能认识他简直是个奇迹。我想在这本书里阐述什么是"烧掉你的船"，介绍这一发源于东方文化和历史的哲学思想，而洛的经历很好地体现了这一点。

洛很高兴能把自己内心深处的想法用艺术形式展现出来，而我也很激动能用他的故事作为这本书的开篇，因为他的经历和我类似。洛从大学退学了，而我也在高中时辍学了，那时我生活在美国纽约市的皇后区，住的地方到处都是蟑螂，我睡在一张放在地上的破烂床垫上。我有三个兄弟，我是最小的一个，由我们的单亲妈妈拉扯长大，她靠给别人打扫房间来赚钱支付房租。在我的三个哥哥早早离开家之后，我才意识到我们当时的处境有多糟糕。

我 16 岁辍学时，我敢说我的同学们中没有人能想到，在不到 30 年的时间里，我会成为《创智赢家》（*Shark Tank*，又译作"鲨鱼坦克"）这个全球知名商业电视节目的嘉宾投资人。开始写这本书的时候，我又迈上了一个新的台阶，这次我成了自己的试播电视节目的主持人和执行制片人。这档节目的制作人是美国米高梅电影公司的马克·伯内特（Mark Bur-nett），他是《创智赢家》《学徒》（*The Apprentice*）、《美国之声》

（*The Voice*）、《幸存者》（*Survivor*）等热门电视真人秀系列背后的制作人。

　　在写下这些文字的时候，我并不知道这档节目是否会播出，但这并不重要。真正让我兴奋的是前进本身。马克和他的团队看到了我骨子里流淌着的渴望，他们也看到了节目镜头前那些创业者身上所展现出来的强大意志力。这些创业者将建立起自己的第一家企业，迈出自己人生中重大的一步。当然，风险是很高的，几乎有一半的企业熬不过最初的两年。我做的事就与此有关，我用在 RSE 投资公司（RSE Ventures）指导创业者的方式来指导他们。RSE 投资公司是我和迈阿密海豚（Miami Dolphins）橄榄球队所有者斯蒂芬·罗斯（Stephen Ross）共同创立的投资公司，在那里我指导了一些能够改变消费者商业市场游戏规则的企业，比如大卫·张（David Chang）创立的福桃（Momofuku）餐饮帝国。大卫·张是一名美国厨师，其父母出生在韩国，他制作的食物也深深受到韩国传统文化的影响。

　　根据我自己的经历，以及我合作过的数百个企业和创业者的经历（当然，他们的许多例子也会出现在这本书中），我意识到，实际上真的有一种行之有效的方法能帮助我们不断成长，实现一次又一次的成功——放弃备用计划，烧掉你的船。

　　"烧掉你的船"究竟是什么意思呢？

要想取得伟大成就，你就不能给自己留退路，不能给自己回头的机会。你必须丢掉你的备用计划，计划越多，越会阻碍你成功，你只需要勇往直前。随着时间的推移，我们原始的直觉越发式微，取而代之的是推动我们制订应变计划的常识。"你永远不知道"这句话在我们脑海中回荡不休。我们越来越不擅长使用自己的直觉，当我们要做出大胆举动时，第一反应是制订一个备用计划来削弱它。换句话说，我们不再信任自己的直觉，建立安全网的行为恰恰是迫使自己需要安全网的原因。如果你担心自己不会成功，你其实就已经失败了。

宇宙的广阔天地不会限制你的雄心壮志，而我就是一个活生生的例子。过去的 30 年间我经历了很多，从高中辍学，到考取美国高中同等学力证书以期摆脱贫困，再到登上《创智赢家》帮助新手创业者开启他们的事业，这一切的一切都教会了我一件事情：如果你不破釜沉舟，你就不会胜利。伟大从来不会降临在那些留有后路、犹豫不决的人身上，也不会降临在那些隐匿在我们身边各个角落的唱衰者身上。

如果我没有贯彻"烧掉你的船"的处世哲学，我绝不可能取得现在的成就。通过这本书，我将告诉你我所有的方法和技巧，让你也能做到同样的事情。

◉ ◉ ◉

作为一个孩子，我用尽全力逃离了皇后区那个如地狱般的出租屋，然后上了大学、上了法学院，接着成了纽约市历史上最年轻的市长新闻秘书，与鲁道夫·朱利安尼（Rudolph Giuliani）市长一起经历了"9·11"事件。之后，我担任了世贸中心重建工作的首席运营官，然后是纽约喷气机（New York Jets）橄榄球队的商业运营执行副总裁，接着成了迈阿密海豚队的副主席和 RSE 投资公司的联合创始人。

我一直认为我应该投身商业领域，但我在未曾料想过的领域中也取得了成功，比如参加《创智赢家》、主持我自己的试播电视节目，再到成为哈佛商学院的执行研究员，参与学院最受欢迎的一个密集课程的教学工作。

但是，我也经历过或大或小的失败。我曾设想过在这本书里写下我 2020 年秋季的大获全胜，那时我站在纽约证券交易所的讲台上，眺望着挂在房梁上的亮橙色横幅，横幅上印着我在全球动荡之际创立的一家新上市公司的标志。我筹集了 2.06 亿美元，成立了全渠道收购公司（Omnichannel Acquisition Corp.），该公司的使命是找到一家拥有巨大潜力、由数字化推动的消费者企业并与之合并，从而推动公司达到成功的新高度。我组建了一个由消费业巨头组成的董事会，连续数月日夜奋战，努力去实现我的目标。我承受着一系列意想不到的压力，除此之外，还要兼顾我的其他事业。我在纽约证券交易所敲了钟，美国消费者新闻与商业频道直播了这一盛况，但第二天我就感染了新冠病毒，双侧肺部发炎，而那时还根本没有研发出相关的疫苗。

过了一年半，在付出了无数努力之后，就在我即将带领一家不可思议的企业——亲属保险公司（Kin Insurance）上市之际，交易破裂了。我可以将失败归咎于经济环境，毕竟当时通胀飙升，高增长股票都受到了重挫，而该公司最大的竞争对手和比较对象也遭遇了重大问题，给整个保险科技行业都蒙上了一层阴影，但归根结底，我失败了。

我本可以舔舐伤口，继续投身到那些我知道会成功的安全项目中。但恰恰相反的是，我决定加倍冒险，将《创智赢家》节目抛在身后，冒险尝试自己的电视节目，启动一个"元宇宙基金"，并写下这本书。我的处世哲学告诉我，全渠道收购公司的失败会带来更大的成就，而我要继续前进，去追求更多的自由和自主权。我放弃了迈阿密海豚队的工作，辞去了不少董事会的职位，继续"烧掉你的船"，不给自己留后路，去寻求更大的回报。

◉ ◉ ◉

这不仅仅是我的故事，这样的故事一直在发生，我们称之为历史。"烧掉你的船"作为一种通往成功的策略，常常被西方人错误地归功于西班牙人埃尔南·科尔特斯（Hernan Cortes），他在 1519 年从古巴航行到墨西哥的尤卡坦海岸，试图征服阿兹特克人。但其实科尔特斯可能没有烧过一艘船。

真正应该受到赞誉的是孙子。他的作品影响了数个世纪的领导者，强调要尽可能达成和平，以及做好准备是迈向成功的最重要一步。孙子认为保持灵活性是非常重要的，无论是在战场上还是在董事会会议室里。

孙子的思想启迪了后来的将士，史载尤利乌斯·恺撒（Julius Caesar）也秉持相似的思想，后者曾率军从罗马出发，企图征服不列颠。据传，当他们的船只抵达时，发现敌军人数远超自己，他们完全有理由撤退。但是恺撒决心完成自己的使命，他想让他的士兵以及即将面对的敌人明白，他们绝不撤退。这将是一场生死战。"烧掉所有的船！"恺撒一声令下，他们就再也没有回头路了。

在 2010—2011 赛季，当纽约喷气机队连续两次失利之后，他们进入季后赛的希望正在迅速消失，那时我和他们住在匹兹堡的一家酒店里，他们富有感染力的主教练雷克斯·瑞恩

（Rex Ryan）召集了所有的球员，用慷慨激昂的言辞唤醒了球员内心深处的东西。只见雷克斯满脸通红、声音嘶哑，下巴随着每一个蹦出的字眼而颤动，他向球队分享了来自孙子的智慧。正如《纽约时报》后来报道的那样："'他们烧掉了自己的船！'（雷克斯）高喊道，'我只要求你们给我七周而已！'"

《纽约时报》继续写道："纽约喷气机队从宴会厅里冲了出来，他们兴奋无比。后来有好几位球员表示他们彻夜难眠。喷气机队接下来击败了钢人队，这是他们本赛季标志性的胜利。"

那是个令人激动的时刻。我发自内心地相信，"烧掉你的船"这个比喻触动了球员内心深处的开关，释放了他们未曾知晓的潜力。自那时起，这句话就留在了我心里，同时我也意识到，在找到合适的语言去描述它之前，我很早便开始用这一思想来指导自己做出决策了。

虽然我从未像孙子那样打过仗，但有时我感到我的人生之旅就像一场真正的战斗。这不仅仅是因为我出身贫寒，还因为我是在没有希望的环境中长大的。我的母亲养育了四个儿子，她疾病缠身，我亲眼看着她的身体每况愈下，最终她在我26岁那年与世长辞。而在我长大的那个社区，很多孩子都很容易一事无成，甚至丧命。我幸运地看到了另一条道路，并选择了它。

高中时期的艰难困苦让我明白了一件事，那就是援军永远都不会来，我将这视为我在人生中取得种种成就的根源。整个宇宙不欠我任何东西。我的人生只有一次，没有人会为我指引道路。

我在所投资的每一家企业中和每一位我认识的成功人士身上都能看到同样的处事模式。他们明白一切都取决于自己，至于其他人做什么或想什么都无关紧要。我将在接下来的篇章中讨论，相信自己的直觉并做出行动是多么重要。我见证过，很多人梦想的破裂都是因为犹豫不决而不是迅速行动。当你犹豫不决、摇摆不定，或者在实现目标和保留退路之间徘徊时，一切都会归结为一个问题："你在等什么呢？"

⊙ ⊙ ⊙

科学研究已经证实，备用计划会阻碍我们迈向成功，选择太多反而会让我们陷入瘫痪状态。

不确定自己是否做出了正确的行动或者选择了正确的时间，认为自己的好主意应该被身边人接受，这些都是可以理解的。但如果你带着这些疑虑行动，我向你保证，这只会害了你自己。要想取得突破性的成功，你必须训练自己的思维，要在事情变得显而易见之前，在直觉和数据的间隙中抓住机会。通过学习如何自信地"烧掉你的船"并放弃任何有害的备用计划，你将能够消除洞察和行动之间的延迟，并收获指数级的回报。

◉ ◉ ◉

"烧掉你的船"的理念贯穿于本书的三个部分："涉入水中"（第一部分）、"绝不回头"（第二部分）和"建造更多船只"（第三部分）。每个部分都用好几章来探讨一系列的原则，我将通过我的人生经历、我合作过的公司和开拓者们本能遵循的研究理论来证实这些原则。

读完这本书，你将做好准备去打破生活中的障碍，过上想要的生活，事实上，你将做好准备去改变世界。无论你从哪里开始，重要的都是你下一步要采取的重大举措。准备好烧掉你的船吧。

目 录 CONTENTS

致谢

关于作者

第一部分

涉入水中

第一章
相信你的直觉

    对那些不了解我过往的人来说，当他们听到我高中辍学的消息时，往往会十分惊讶。我们对高中辍学的学生往往会有一种刻板印象，认为他们是缺乏学习动力的失败者，而这将极大地限制他们未来的各种可能性。我的高中辅导员贝克先生（Mr. Baker）出于好意告诫我，辍学将毁掉我的一生。他坚持认为，高中辍学的耻辱将永远困扰着我。

    贝克先生不懂我，实际上也没有人能懂我。从高中辍学并非是因为我坚持不下去，而是因为我看见了未来的另一种可能性，它让我去制订和实施我的计划，全身心投入，不容他人阻挠。我相信我的直觉。

    让我来解释一下：我小时候住在纽约市皇后区的一个狭小的廉租公寓里，我和我母亲的日子过得非常艰难。当我还是个孩子时，我最大的梦想就是有足够多的钱，这样我们就不用为晚饭发愁了。我还记得我们家那时的冰箱，里面除了午餐肉、吃剩下的牛排（或者说是肉片）和政府提供的奶酪，总是空空如也。我还记得那个神秘的奶酪，它有五磅[①]重，上面印有"由美国农业部捐赠的美式奶酪"字样。

一阵敲门声开启了我家庆祝感恩节的活动，门外是我们当地教区的神父。自我懂事以来，我就知道我们并不是什么虔诚的天主教徒。我都记不清上次去教堂是什么时候了，如果被问到这个，我都不知道该怎么回答。然而，我仍记得的是，我拉着母亲的裙子，透过门缝凝视着神父，我听见母亲说："神父，您好。"没有任何需要回答的问题，神父脸上看不出一丝评判，走廊里也没有任何羞愧之情。当他把一盒节日食物递给我们时，我感受到的只有爱。这么多年过去了，我依然还记得他的那个动作。

那段日子真的很艰难。我九岁那年父亲便离开了家，三个哥哥在凑够了钱之后也离开了家。我母亲头脑敏捷，写作能力出色，她写的东西是我在学校课本里学不到的，但她也在高中时辍学了，当然是因为环境所迫而非出于她的本意。她陷入了抑郁，身体也每况愈下，膝盖无法再支撑她站立，她只能坐在轮椅上了，而她的体重日益增加，最终猛增到400磅。她生命里的一抹亮色来自她得到美国高中同等学力证书之后。她热爱在皇后学院上的那些课程，经常周六带着我一

---

① 1 磅 ≈ 453.592 克。——编者注

起去上城市研究的讲座课，而我也非常喜欢那些课程。

那些课程启发了我，但受启发并不能帮我支付账单。十岁那年我找到了第一份工作，想要帮助母亲减轻生计压力。我在街角卖花，还在当地的跳蚤市场兜售堆在小货车里的十美元皮革手袋。我最终在麦当劳找到了一份工作，负责清理聚会区域桌子底下的口香糖。但是，作为未成年人，我最多只能拿到五美元的时薪。这对我来说显然是不够的，我需要挣得更多。我看到当地小报的招聘广告上写着：只要大学生，时薪九美元。我意识到也许我不必再等到 18 岁了。如果我能提前两年享受到成年人的待遇——上大学、获得一份薪水更高的工作和自由——会怎么样呢？

14 岁那年，我意识到传统的求学之路对我行不通。于是我决定要做一件事，那就是从高中辍学。我辍学不是因为我学不下去，也不是因为我不喜欢待在学校，而是因为我无比渴望逃离那个肮脏、压抑的环境，我想要立刻开启我的未来。我制订了一个计划，决定在我两年后年满 16 岁时合法离校，同时，受我母亲经历的启发，我也会利用教育系统的"漏洞"来帮我实现目标。虽然美国高中同等学力证书饱受污名化的困扰，并且常常被视为最次的选择，但如果能在美国高中同等学力证书考试中取得好成绩，我就能在我的高中同学们毕业前直升大学，获得那些薪水更高的工作，更快一步帮助自己和母亲脱离噩梦般的生活。

　　我记得我在高一时参加了大学的准备迎新晚会。我鼓起勇气来到了几位名牌大学代表的身边，询问他们我的计划的可实施性："打扰了，先生。如果一个人没有从高中毕业，但是参加了美国高中同等学力证书考试，并取得了非常好的成绩，你们会考虑录取他吗？ 我是为我一个朋友问的。"

　　他们的回答永远都是那么官方，伴随着一丝自我庆幸、居高临下的微妙神情和似笑非笑的傲慢："我想应该会的，小伙子，我们确实相信人有第二次机会。"

　　有人明白我在干什么吗？ 绝无可能，我的朋友不明白，我的老师不明白，我的母亲也不明白。但在接下来的两年中，我将按照这条路线走下去。我的直觉告诉我，为了让计划顺利执行下去，我必须挂掉所有的科目。如果我选择勉强过关，赢得一些学分，巨大的引力就还会拉着我继续沿着老路走下去，到时候学校的辅导员们还会试图来"拯救"我，而那将是毫无意义的。我需要一次完全、彻底的失败。

　　最终，我留级两年，读了两次九年级，和我坐在同一间教室的是那些"堕落"的高中生，他们腰间挂着传呼机，做着完全不同的人生选择。不管我们动机如何，我们都殊途同归地被丢在了这个代表失败者的"失落玩具岛"上。有时我会在当地的一家熟食店通宵上一天班，然后稍微睡一会儿，看一会儿美国有线电视新闻网上发布的海湾战争简报，中午时分，我会慢悠悠地来到学校，一路躲避着可能碰到的"旷课警察"。除了打字课，我没有获得任何学分。（我觉得打字是个很有用的技能，时至今日，我每分钟的打字数可以超过90个。）

我给自己挖了一个大坑，我只有贯彻我的计划才能把自己救出来。我给自己制造了一场危机。但拥有计划和实施计划是两码事。当退学那一天真正来临时，我感觉自己是个彻彻底底的失败者。我记得我低着头，去各个教室向老师归还教科书，简直就是校园版的《蒙羞之旅》（*Walk of Shame*）。我蹑手蹑脚地走进罗森塔尔先生（Mr. Rosenthal）的科学教室，递给他一本我从未翻开过的书。

"希金斯，太可惜了，"他的语气中流露着轻蔑，他直视着坐满了学生的教室，然后补充道，"我们麦当劳见。"

我算是个爱尔兰人，因此，当我感到尴尬时，我那张红得像番茄一样的脸会出卖我所有的情绪。当我顶着35个青少年的嘲笑，向教室门口走去时，我感觉自己热得快要晕倒了。但当我转动门把手时，一股勇气突然涌上心头，我脱口而出："如果您在麦当劳看见了我，那是因为我已经买下了它。"

我在高中阶段听到的最后几句话是"哇哦，好了不起哟"，以及"您打算放过他吗，罗森塔尔先生？"我踢开了这囚禁我的金属大门，迈向了我以为的自由世界。我最后一次坐在卡多佐高中（Cardozo High School）的台阶上，心想：啊哦，他也许是对的。

◉ ◉ ◉

我这一步险棋终于奏效了。两个月后，我通过了美国高中同等学力证书考试，在夏天快要结束的时候，我被皇后学院录取了，并以九美元的时薪加入了国会议员加里·阿克曼（Gary Ackerman）的政治竞选团队。当我一脸稚气地出现在这位国会议员的临时竞选总部时，对方要求我证明自己是大学生。我给他们看了我学生贷款的凭证，然后就被录取了。我最终成了皇后学院辩论队的队长，并参加了学生会主席的竞选，我在校报上表示，自己从高中辍学是因为"我感到没有挑战性"——当然，这是我当时的说辞。离开国会议员阿克曼的办公室，我又跳槽去了纽约市时任市长朱利安尼的新闻办公室，在那里担任研究员，继续向更高目标迈进。

在我坐下来写这本书时，我一直在思考如何去讲述我的故事，以及"烧掉你的船"这一策略是否适合所有人，还是说它只适合那些生来就有幸拥有某些先天优势的人。我承认，我出身贫寒，母亲身体不好，只能坐在轮椅上，但即便这样，我身上肯定也有某些先天优势，比如我是白人而且还是男性。这也是我愿意花点篇幅去分享一些其他创业者的故事的原因，他们和我未必相似，出身背景也各不相同。在听过那些在各个方面和我相似或不相似的故事之后，我意识到，无论你从哪里开始，答案实际上都是一样的。如果你的道路更加曲折，你的旅程可能就会更长、更艰难，但为了从中更好地成长并达到你的巅峰，你必须全力以赴，相信自己的直觉并付诸行动。

我们在内心深处都知道自己的能力所在。我们也都能看见不被他人认可的自己对未来的愿景。我们常常因传统观念和外部的压力而偏离自己的道路。当我们长大，能够清楚地表达自己的直觉时，我们就会被教育，要对这些直觉置之不理，而去相信管理我们的机构和那些获取报酬的所谓的权威人士。其他人的建议可能会帮助我们免受灾难的侵害（比如，不要把锡箔纸放进微波炉），但也会阻碍我们去发挥自己独特的才能。

这一整本书都在告诉你，不要犹豫，即使你的直觉和这个世界的看法不尽相同。激发潜能的秘诀就在于拥抱你最大的竞争优势：你是唯一一个知晓自己所有经历的人；关于你自己的一切，没有哪个专家能比你更了解。所以理所应当地，你会比任何人更早看到你应该走的路。

换句话说，如果你不相信自己，就会错失变得卓越的机会。

拉尔夫·瓦尔多·爱默生（Ralph Waldo Emerson）在他1841年的散文《自助》（这部作品我读过很多遍，很受启发）中写道："一个人应该学会探测并发现他内心闪现的那束光芒，而不是追随诗人和智者灿烂的天空。然而，他往往在不经意间就丢掉了自己的想法，只因为那想法是他自己的。"

想要找到自己的未来，第一步就是要听从自己内心的声音。以下四个原则可以帮助你实现这一目标。

命运始于愿景

那时我的愿景就是获得自由。我需要尽我所能以逃离高中带给我的各种限制。而对你来说，愿景可以是任何事物，但它必须是切实存在的。你不可能去实现一个还没有定下的目标。你需要知道你的目标是什么，然后才能制订计划去实现它。最好的梦想是从你内心深处涌现的，在那里，你的雄心壮志既与你对世界的独特看法、你的天赋和才能有关，也与你自己的独特灵魂紧密相连。

在美国，弗蕾迪·哈勒尔（Freddie Harrel）为像她这样的黑人女性构想了一个新的世界，在这里，她们不必忍受昂贵、耗时和带有污名化的体验，就能用自己的头发来表达自我。全球黑人女性的假发市场的营收额达到了 70 亿美元，弗蕾迪想把使用假发这一过程变得轻松愉悦，因为现实情况太不尽如人意。女性总是因为戴假发而感到羞耻，这一人为的偏见让弗蕾迪深感不悦。"假发"这个词本身似乎都带着一种消极的意味。弗蕾迪和她的朋友们厌倦了只能去美容用品店，只能挑选那些产品质量可疑的、和自己发质不匹配的假发的生活。

因此，弗蕾迪筹集了 200 多万美元创立了拉德斯旺（Rad-Swan）美容公司，致力于改变黑人女性假发市场并建立一个关于庆祝和赋权的社区。弗蕾迪告诉我："对全世界的黑人女性而言，头发可以传递出我们是谁、我们在哪里，它像是一种额外的语言。"但传统品牌并没有看到这一点，只有弗蕾迪看到了。

还有一个例子：我的朋友布莱恩·切斯基（Brian Chesky）在 2007 年提出了创立爱彼迎（Airbnb）的想法，他梦想着帮助人们利用自己的客房、沙发甚至是充气床垫来获得额外收入。一年后，当美国科技媒体网站科技博客（TechCrunch）报道了爱彼迎成立的消息时，下面的第一条评论就预测它会马上失败："如果这成为主流，世界将会乱了套。"把时间快进到十多年后的 2020 年 12 月，爱彼迎进行了首次公开募股，它的市值也达到了 470 亿美元。我的公司 RSE 本来有机会早期入股爱彼迎，但我们错过了这个机会，因为我们过于关注潜在的监管问题而没有相信自己的直觉——认为布莱恩能克服这些挑战。这是一个巨大的错误，同时也证明了不行动远比失败更为致命。

　　我在 RSE 的合作伙伴斯蒂芬·罗斯（Stephen Ross）是一名房地产开发商，他是迈阿密海豚队的所有者，同时凭借 116 亿美元的净资产位列福布斯亿万富翁排行榜的第 267 位。他也曾有一个在旁人眼中不可能实现的伟大梦想。哈德逊城市广场位于曼哈顿的西侧，曾是曼哈顿一条旧铁路的所在地，是曼哈顿近 50 年的痛点，也是纽约市景观的污点。历任市长和州长都对该地提出了一个又一个开发项目，但全部失败了，因为要么投资预算不足，要么支持投资的人寥寥无几，毕竟哈德逊城市广场曾被视为一块荒地，离地铁太远，没有多少人愿意过来。我和该地也有一些渊源，起初我受雇于纽约喷气机队，负责在哈德逊城市广场的位置修建一座新的橄榄球场。但因为"邻避主义"①的影响，我的这个项目就像纽约洋基队多次想在该地修建一座新的棒球场一样失败了，同样失败的还有纽约市因申奥失败而没能修起来的运动场，以及在

————————

① 原文为"NIMBYism ('not in my backyard')"，即"不要（兴建）在我（家）的后院"，指反对把不受欢迎的东西放在自己的社区里。——编者注

2008 年金融危机中破裂的办公楼项目。

斯蒂芬看到了别人没有看到的东西，那就是从零开始打造一个全新社区的机会，一个具有综合功能的开发项目，那里将会有办公楼、表演场所、公寓、商店、餐厅、广场以及一个耸立的全新公共艺术杰作，这将吸引人们来到这个未曾得到开发的区域。当项目完成后，哈德逊城市广场项目将成为自 1939 年洛克菲勒中心修建以来纽约市最大的开发项目，其投资额达到了 200 亿美元。而这一切的实现都取决于斯蒂芬所做出的努力，他克服了几乎不可能解决的重重困难，包括艰难的谈判、在地铁上方修建建筑的复杂工程挑战，以及威胁企业存亡的金融危机和疫情。但他对未来清晰的愿景是他付出努力收获成功的保障。

这本书介绍了各种鼓舞人心的人和事：克里斯蒂娜·托西（Christina Tosi）梦想着为地球上的每一个人烤一块饼干；劳伦·布克（Lauren Book）童年遭受过性虐待，她想从自己的这段痛苦经历中找到一种途径来帮助改善数百万人的生活；劳丽·西格尔（Laurie Segall）的使命是创办一家媒体公司，将元宇宙带给大众，与过去以"兄弟"文化为主导的科技领域相抗衡。这只是其中的几个例子。从个人经历中产生的内在激励是我们最宝贵的财产。如果破晓时分我们没有能力发现自己的愿景，就不要奢望午夜梦回时能找到它们。但是，我们必须要求自己去发现它们，然后以此开始行动。

时年 29 岁的阿比·拉梅什（Abhi Ramesh）是 Misfits Market 的创始人，该公司致力于向全美各地的人们提供折扣农产品和保质期长的食品，帮助他们省钱并减少食物浪费。该公司已经募集了三亿多美元，估值达数十亿美元。阿比的创业灵感来自一次他和女友去农村采摘苹果的经历，他看到地上有些轻微受损的苹果，在从农民那里了解到超市不会收购这样的苹果之后，他一直很好奇为什么这些虽然品相有点问题但依然可以食用的苹果会被丢进垃圾桶。这一洞察的由来引人深思，因为它强调了积累经验的重要性。

阿比告诉我："对我来说，生活的重要主题就是在其他人看不到的地方寻找价值。"上高中时，阿比注意到朋友们在每学年结束后会把旧的教科书扔掉，因为对他们来说这些东西已经没有用处了。阿比却会以三折的价格购入这些教科书，并在亚马逊上以六折的价格售出，就这样，他的投资翻倍了。从沃顿商学院毕业之后，阿比在一家困境信用对冲基金公司工作，负责挖掘那些陷入困境的企业的隐藏收益。"寻找隐藏价值已经变成了我的本能。"阿比对我说。因此，当阿比看见地上的苹果时，他就已经下定决心去利用它们。这个想法与他的愿景不谋而合，他的目标就是发现自己身边任何地方的价值。

◉ ◉ ◉

阿比清楚他所追求的目标，所以自然而然地欣然接受了自己的愿景。当你的愿景在你脑海中浮现时，你是否也能清楚地认识它？ 当我和哈佛商学院的学生聊天时，他们会问我该去哪家私募股权公司或者咨询公司，我却告诉他们要先后退一步。

"我不想听到你想成为什么，我想知道你希望成为谁。"

这种存在主义的问题才是真正驱使我们前进的动力。阿比说，找到隐藏价值就是他的驱动力。我的驱动力是获得更多的自由和自主权，不受干扰地提升自己采取行动的能力，而这种驱动力诞生于我的自由和自主权皆匮乏之时。那么，你的驱动力是什么呢？

为了揭开那些深层次的动机，你可以问自己一些不好回答但又至关重要的问题。

- ◉ 我要获得什么样的品质才能成为让自己尊敬和仰慕的人？
- ◉ 我是想自己白手起家，还是想去实现别人的愿景？
- ◉ 我能不能容忍未来不确定的风险？ 还是说，我需要稳定才能茁壮成长？
- ◉ 我更愿意思考还是行动？

- 我是从人际互动中获得能量，还是被消耗能量？
- 我什么时候最快乐？要怎么做才能再次感受到那种快乐？
- 我希望我的墓碑上写着什么？

从某种程度上看，得到明确的答案还不如思考这些问题重要。我发现大多数人缺乏目标感都是因为他们在旅程开始时绕过了内省阶段。当他们到达目的地时，却迷失了，这是因为他们一开始就走在了错误的道路上。我们需要花时间与自己相处，去看见自己的愿景。

然后，我们必须相信自己看到的东西。

数据是次要的；做一个"直觉三明治"

斯图尔特·兰德斯伯格（Stuart Landsberg）的愿景是创立一个消费品公司，让人们能真正按照自己信奉的价值观生活。他知道很多人都想保护环境，但当他们挑选每天要用的生活必需品时，优先考虑的却是便捷性。大多数人默认选择最常见、最容易找到的品牌，但在绝大多数情况下，这些品牌并不是保护环境最好的选择。斯图尔特决定创办一家所有人都能使用其产品的消费品公司，产品包括洗手液、卫生纸和洗衣液等，这些产品都是可持续、更健康并且不含一次性塑料的。斯图尔特辞去了私募股权公司的工作，决心将他的这一愿景变为现实，但在超过一年半的时间里，他对投资人进行了 175 次演讲，却遭遇了 175 次拒绝。没有一个投资人看到了他看见的东西。

在经历了无数次拒绝之后，大多数人都会得出这样的结论：市场已经做出了它的选择，毕竟追求收益至上的风投界就是它的风向标，市场给出的信息已经非常明确了。Grove Collaborative 是斯图尔特为他的公司取的名字，但没有人想要投资这家公司。可斯图尔特认为，自己只是还没有找到独具慧眼的投资人而已。斯图尔特明白，在他的愿景真正照进现实且不再被人忽视之前，并非所有人都能看见它。但他需要一个独具慧眼的投资人、一个能看见他愿景的投资人，或者至少相信斯图尔特能够看见这一愿景，并给他机会让他去实现的投资人。

斯图尔特遵循了雅各布·里斯（Jacob Riis）给出的经典建议。

> 当山穷水尽之时，我会看石匠敲石，也许敲打百次也不见一丝裂痕，但第 101 次尝试却会让岩石一分为二。我明白这并不是最后那一次起了作用，而是之前做的努力得到了回报。

斯图尔特做了大多数创业者为了避免尴尬而不会做的事情。他重新联系了一位曾经拒绝过他的投资人——Bullpen Capital 的保罗·马蒂诺（Paul Martino），并试图获得第二次机会。"我知道他心动了，"斯图尔特告诉我，"他想做，但他的合伙人阻挠着他，或者出于其他类似的原因。我告诉保罗，'我想要和你合作。我知道你的回答是否定的，但凡事总有个价格。'"

斯图尔特预感到他们之间将是"天作之合"，他愿意不惜一切代价促成合作。"和 Bullpen 合作的往往是那些不被看好但很有潜力的企业，"斯图尔特回忆道，"对我们来说，电子商务在当时一点儿也不流行，我们找不到大的成功案例与我们匹配。Bullpen 做的交易看起来一点儿也不好……直到最近卖肥皂才变得流行起来。"

保罗在重新考虑之后，给了斯图尔特一个可以接受的价格。斯图尔特表示："这对 Bullpen 和我的公司来说都是公平的。"因此，在经历 175 次拒绝之后，斯图尔特终于做成了交易。现在，五年过去了，斯图尔特已经成了可持续发展行动的英雄，Bullpen 也很高兴他没有放弃努力，Grove Collaborative 也在受到越来越多人的关注。Grove Collaborative 打算在 2023 年实现四亿美元的总收入，并在英国亿万富翁理查德·布兰森（Richard Branson）的支持下，计划以 15 亿美元的估值上市。

⊙ ⊙ ⊙

各种数据告诉斯图尔特应该放弃，但他没有认同它们。卓越的领导者往往将自己的决策包装成数据驱动的样子，但实际上这些决策却是我所说的"直觉三明治"：数据夹在洞察力和直觉之间，我们不能单凭数据来做出选择。变革性的想法包含着太多的元素，无法简化成公式。史蒂夫·乔布斯（Steve Jobs）在我们还不知道可以在口袋里放上一万首歌之前，就知道了我们的需求。Stitch Fix 的创始人卡特里娜·莱克（Katrina Lake）首先看到了时尚订阅服务的可能性，并成了有史以来带领公司上市的最年轻的女性之一。杰夫·贝索斯（Jeff Bezos）创立了一家网络书店，并在鲜少有人觉察之时就将其转变为一家云计算公司、一家杂货店、一家无人驾驶汽车公司（2020 年，亚马逊收购了自动驾驶初创公司 Zoox）……

这些行动并非是由数字和数据驱动的。我们可以在事后收集这些支持性的因素，但领导者依赖的是自己所谓的有证据支持的直觉。史蒂夫·乔布斯本可以采取渐进的方法处理音乐问题，给他的随身听扩大光盘容量。但是，作为一个音乐迷，乔布斯却从问题出发，倒推着寻找解决方案：如何让我无论走到哪都能带上包含数百首歌曲的披头士合集？ 2001年，乔布斯站在台上，从他的牛仔裤前袋掏出了 iPod，向世界第一次展示了苹果公司的这一款数字多媒体播放器。

卡特里娜·莱克和我一样在《创智赢家》中担任过嘉宾投资人，她有一种直觉，认为很多消费者对买衣服这件事很苦恼，不得不在无尽的选项中寻找自己喜欢的衣服。凭借 Stitch Fix，卡特里娜重塑了购物私人顾问服务，让人人都能享受它，而不仅仅是有钱人。她将这个想法落地为一门精心策划的在线服装生意，如今每年的营收接近 20 亿美元，同时吸引了无数模仿者效仿这种"盲盒"商业模式。

人们通常认为杰夫·贝索斯在把亚马逊变成世界上最大的图书零售商之后就该满足于此。"专注于你自己的赛道，专注于你的目标。缺乏专注力和清晰度会削弱你的成功。"但贝索斯具有更为深刻的洞察力，他将其称为"第一天"：如果他建立了一家"日不落"的公司，每一天都能带来新的机会，并进入消费者生活中的新方面，会怎么样？ 贝索斯带着这个想法前进，20 年之后，他成了全世界最富有的人，或者至少是最富有的五个人之一。

在 RSE，我们把钱投资给了乔达娜·基尔（Jordana Kier）和亚历克丝·弗里德曼（Alex Friedman），她们凭直觉意识到，如果女性对进入自己身体的东西了解更多，就一定会选择一个致力于使用百分之百有机成分、倡导开放和消除污名文化的女性护理公司。乔达娜·基尔和亚历克丝·弗里德曼之所以会有这样的直觉，是因为她们碰巧注意到了一盒卫生棉条背后长长的成分表，在"可能含有"之后列出了一连串包括漂白剂在内的，她们绝不愿意自己的身体接触到的东西。没有数据来验证她们的洞察，事实上，心存疑虑的风险投资人坚持认为，女性护理市场已经饱和了，这个市场由包括宝洁公司在内的三家巨头把持，而且研究表明女性对此的偏好已经根深蒂固。但结果表明，这一研究的结论是错误的，或者说至少是不完整的。没有人真正向女性提出过正确的问题。

"大多数风险投资人和女性护理品牌的领导者一直都是男性，"亚历克斯向我解释道，"我知道问题一直存在，因为我亲身经历过！我搞不清楚传统的卫生棉条里面有什么成分，这让我感觉没有受到尊重。我过去常常使用同一个牌子的卫生棉条，并不是因为我忠诚，而是因为惯性和缺乏选择。我预感到其他女性也和我一样，我们做过一样的事情、想过一样的问题。我知道，如果市场上有一种成分透明、方便使用且能和我产生共鸣的卫生棉条品牌，我会立刻选择它。我们和其他女性交流过，她们表示也会这样做。我们和数百名对自己选择的女性护理品牌不太满意的女性交流过。她们的回应证实了我们的直觉，因此我们创立了 LOLA 这个品牌，为她们，也是为我们自己，解决这个实实在在的问题。"

四年后，LOLA 的产品出现在每一家沃尔玛超市的门店里，与市场主导品牌并排而立，而且它的市场份额每天都在增长。亚历克丝和乔达娜的直觉无法改变传统品牌的立场，因为数据表明现有的产品能满足大多数女性的需求。但这两位创始人知道数据并没有展示出事情的全貌，和其他女性的交流也验证了她们的直觉，给予了她们前进的动力。数据往往只是自我欺骗的保险。它不会也不应该指挥着我们。当你内心深处知道你所追求的东西是什么时，不要让数字阻挡你前进，也不要害怕挖掘你心中必定存在的支持力量。

还有一个更重要的观点，来自我与亲属保险公司的联合创始人兼首席执行官肖恩·哈珀（Sean Harper）的对话，我曾计划将该公司上市，但交易最终破裂了。当我们仅仅依靠数据做出决策时，就会常常怀疑自己的决策。数据可能是错误的，你对数据的分析可能存在瑕疵，并将你导向一条错误的路径。"但如果按照你的感觉行事，全凭你的直觉来，你就不会怀疑自己了，"肖恩说道，"你不能质疑自己的感觉。无论你做出什么决策，它都能给予你极大的平静感。"

乔达娜和亚历克丝并没有无视自己的直觉。她们对自己一直在使用的女性护理产品深感不满。她们知道其他女性也和自己有同样的感受，事实证明她们是正确的。我们绝大多数人都会劝自己不要相信直觉，但像肖恩·哈珀和 LOLA 创始人这样的成功人士则始终会坚持相信自己的直觉。

相信你的直觉犹如锻炼肌肉——你会变得越来越强大

一生都做到全力以赴且不留退路并不容易，因为仅仅做出一个正确的决策是不够的。要想获得持续性的成功，必须一直行动，不断抉择。参加过《创智赢家》的凯文·奥利里（Kevin O'Leary）被称为"神奇先生"，他的职业生涯始于合伙创办了一家教育软件公司。以此为起点，凯文本可以在该行业稳扎稳打，成为该行业的一个巨头。但与之恰恰相反的是，凯文凭借他的经验去了私募股权和风险投资领域，随后参加了《龙穴》（Dragon's Den，《创智赢家》的加拿大版）真人秀节目和美国的电视节目。自此，凯文建立了一个横跨各个行业的帝国，他甚至利用自己的名气进入了加拿大政界。

洛丽·格雷纳（Lori Greiner）也是一个很好的例子。洛丽一开始是个发明家，她发明并申请了一个耳环收纳工具的专利，随后进入美国大型连锁百货公司杰西潘尼（JCPenney）售卖该产品，接着，她从一个发明家转型为一个电视明星。如今洛丽手握 120 项专利，其中包括许多风靡全球的家庭用品发明专利，由她发明并推向市场的产品超过 800 个，同时，因为在电视领域的深耕细作，她还开办了自己的电视制作公司。虽然已经收获了巨大成功，但这两位上过《创智赢家》的投资人都没有停下前进的脚步。

◦ ◦ ◦

作为一名高中辍学生，我曾在纽约市市长办公室工作，我本可以相信这份工作能让我放松下来，并让我的生活步入正轨，但我并不想止步于此。我的直觉告诉我，能做的还有很多。首先，我清楚必须揭掉自己高中辍学的耻辱标签。望向未来，我不想让这个污点永远横亘在我的人生道路上，因此，在皇后学院拿到学位之后，我决定去法学院的在职夜校读书。福德汉姆大学法学院（Fordham Law School）的学位将会把我的简历提升一个档次。我想，如果我不仅能从大学毕业，而且是一名律师，拥有一所顶级院校的学位，在《法律评论》（Law Review）期刊上也有所建树，就不会有人再拿我高中辍学的事做文章了。

与此同时，我想晋升自己在市长办公室的职位，虽然当时只有 23 岁，但我想成为副新闻秘书。我知道我的工作表现完全配得上这个职位，同时它也意味着收入的大幅增加，这将帮助我和我母亲在摆脱贫困的道路上更进一步。但是，考虑到我比较年轻，他们让我先排队，让那些比我年纪更大、资历更深的同事排在我的前面。这时，我的直觉告诉我，我应该做出另一个大胆的选择：辞职。

你必须掌控自己生活的方向。正义不会自动地为你而伸张。如果你感觉自己正在被剥削，或者有人阻挡你发光发热，你不能沉浸在怨恨中等待被别人认可，或者更糟糕的是，沉溺在自怜中无法自拔。复利法则不仅适用于金钱，而且适用于思想和成就。获得新成就的速度越快，就有越多时间享受胜利的果实。这就是为什么在音乐剧《汉密尔顿》（Hamilton）中，伊丽莎（Eliza）问她的丈夫："为什么你写得如此勤奋，就好像时日无多似的？"亚历山大·汉密尔顿（Alexander Hamilton）之所以疯狂地写作，是因为他意识到每个人的时间都是有限的。

我不打算在市长办公室永远等待下去。我必须尽快且永久地摆脱贫困。因此，我在一家大型保险公司——纽约人寿保险公司的政府事务部门找到了一份工作。新公司不但为我支付了法学院的学费，还给了我更高的基本工资。尽管市长办公室的同事们说我是在犯错误，但我还是这样做了。我当然要这样做，他们又不会对我的未来负责，只有我才会对自己的选择负责。

　　这份工作十分压抑且枯燥无味，它也是我第一个也是最后一个朝九晚五的工作，但在四个月之后，市政厅打电话给我，邀请我回去担任副新闻秘书。我的行动终于得到了回报。正如我所希望的那样，我凭借自己的才华而非年龄迅速跻身于前列，同时我的薪水也提高了，虽然并不足以支付我的法学院学费（最后我还是背上了一大笔学生贷款），但至少我有足够的能力来照顾我的母亲了。

　　那时我并不知道自己在沿用一个模式，一个我在职业生涯中见证着许多人都在沿用的模式。我曾以为毫无畏惧地跨步和冒险是专属于我的对待宇宙的方式，但没想到它的意义远超于此。事实上，这真的行得通。我在贾森·费尔德曼（Jason Feldman）的职业生涯中看到了相同的直觉，他是Vault Health 的联合创始人兼首席执行官，Vault Health 是新冠病毒唾液检测领域的知名企业，与世界各国政府和企业开展合作。

　　在医疗保健领域大展拳脚之前，贾森曾多次改变他的职业道路。他的职业生涯始于美国国务院，但他很快就去了零售行业，从家得宝（The Home Depot）到美体小铺（The Body Shop）到恒适（Hanes）再到亚马逊，他一步步地往上爬。在亚马逊工作时，贾森负责运营亚马逊的"会员视频直接"（Prime Video Direct）项目，该项目旨在帮助内容创作者将他们的视频提供给全球的亚马逊 Prime 会员观看。

后来，当贾森即将出任减肥巨头珍妮·克雷格（Jenny Craig）的首席执行官时，一场会议改变了贾森的整个职业轨迹，他将见到和他一起创立 Vault Health 的合伙人们。Vault Health 即将成为男性保健领域的初创公司，它的成立旨在告诉男性应该多关注心血管健康，而该公司计划使用远程医疗来实现这一目标。贾森被他们提出的愿景深深吸引，决定成为该公司的联合创始人兼首席执行官。一年后，新冠疫情暴发了。

"我们正式推出我们的王牌产品并花掉大部分营销预算的那天，股市崩盘了。"贾森回忆道。他们不得不转变方向，而贾森很适合这份工作，毕竟贾森的职业生涯一直在转变方向。贾森在罗格斯大学（Rutgers University）的一个货架上发现了一种唾液检测方法，他决定把这种检测方法带到市场上，服务那些被新冠病毒检测吓退的人，毕竟之前的新冠病毒检测需要在鼻腔深处刷拭，其位置几乎要触及大脑了。

贾森努力将这种唾液检测方法推广给数百万人，他还和美国各个州及诸多体育联盟建立了合作关系，以让他们使用他的检测项目。除了多年来一直不断尝试的人，谁还有信心冒险涉足这个领域并找到解决方案呢？"在我的职业生涯中，对机会的每一次追寻都有助于帮我完善我的工具包，我的工具包里有我从成功和失败中学到的各种独特技能。"贾森对我说，"我记得很早之前，在一次绩效评估中，一个经理称我为'通才'，我对此感到很沮丧。那个经理在公司稳扎稳打数年才坐到那个位置，他告诉我，如果我不能专注于某个领域并成为专家，我将永无出头之日。但在我心中，存在着一条完全不一样的道路。

在疫情的大背景下，这条道路带来了回报。

◎ ◎ ◎

贾森从一个行业跳到另一个行业的经历让我想起了自己的故事。在重回市长办公室并担任副新闻秘书之后，我最终又选择了离开——但当我加入的初创公司最终失败时，市政厅又请我回去了，这次是作为新闻秘书。那时我只有 26 岁。市长的任期只剩不到一年了，他的团队正在另谋出路，为下一份工作做准备。我不知道该如何做这份工作，这份工作和白宫新闻秘书工作齐名，可以说是全美最难做的新闻工作，管理着全球最大的市政新闻机构之一，需要 24 小时都与电话相连，奔赴在一场灾难和另一场灾难之间；同时，我还要掩盖自己在脏乱差环境里的尴尬生活，我要给母亲洗澡，晚上还要去法学院上课。但我知道我必须尝试一下。

机会是有限的资源，当你看到时，你必须抓住它们。作为纽约市历史上最年轻的新闻秘书，当时的我感觉我正在为自己的职业发展写下安全保证书，其效用将延续到永远。这将是一项不可能完成的任务，但我真的认为接受这份工作将是我不得不做的最后一个艰难决策。我的故事将不再是一个高中辍学生的故事。在取得更大的成就之前，"最年轻的新闻秘书"将成为介绍我的第一句话。我可以清楚地看到我想要的未来：我烧掉了自己的船，在短短十年间，我和我母亲脱离了贫困。

但事实并非如此。

你的直觉将拯救你——即使事情正分崩离析

2001 年 4 月 2 日，是我任职新闻秘书的第一天。我十分兴奋，因为终于能挣到足够多钱来雇人照顾我母亲，甚至能有一个属于自己的小天地，也许还能进行我人生中的第一次约会。我母亲的病情越来越严重，但是当你生活在一个无休无止的噩梦中时，你就很容易忽视事情正在恶化的迹象。回想起来，那天早上我母亲的脸实际上就是紫色的，但我只看见了她的氧气面罩和我们空荡荡的银行账户。我一直在赚钱，但照顾她的花销远远超过了我的工资。我无力再雇用一个家庭护工来给她洗澡，我们一贫如洗。我才 26 岁，但感觉自己正在被压力淹没。担任新闻秘书这一岗位本应是我的救命稻草。那天早上母亲告诉我她不舒服，恳求我留在家里，可是她一直都不舒服，而我必须准时回市政厅上班。

当我踏着大理石台阶快步走向位于曼哈顿市中心的市政厅前门时，克里斯（Chris），一个带着布鲁克林口音的年轻警察，就像刚从电影里走出来的警察一样，给我开了门并和我击掌致意。

"马特，你终于回来啦！"

我坐在位于角落的办公桌旁。然后，上午十点，办公室主任安吉拉·班克斯（Angela Banks）大声对我喊道："马特，你妈妈打电话来了。"

她打电话叫来了救护车。她感到呼吸困难。

我的第一反应是松了一口气。终于，有人能帮我分担重任并帮我做些什么了——无论是做什么。我告诉母亲我会去皇后区医院看她。

我顺便回了趟我们的公寓，屋里弥漫着悲伤的气氛，我捡了几件母亲的衣服，想着如果她在医院多待几天就太好了——我真的是这样想的，因为之前每次急诊都得不出什么结论，我只能推着她的轮椅重新上车。但这一次当我抵达时，路中间停着一辆空无一人的救护车，车门敞开着，这是一个不祥的征兆，说明出了大问题。

我将永远后悔，把那宝贵的几分钟浪费在了去公寓的路上。

"很抱歉，"我到医院时，前台工作人员说，"她五分钟前去世了。"

⊛ ⊛ ⊛

我职业生涯中最成功的一天也是我人生中最糟糕的一天。作为一个孩子，我竭尽全力地想要拯救我的母亲。直到今天，这也是我人生中最大的失败，一个永不愈合的溃烂伤口。有些事你永远无法忘怀。

我母亲在那个早上结束了她的痛苦，但她留下的遗产——也就是我从她的人生之旅中学到的东西——将永远伴随着我。首先，是对那些在贫困或残疾重压下仍努力生活的人怀有的深深悲悯之心；其次，是一个至今仍驱使我前进的教训——没有人能保证我们有一个幸福的结局。

事情总会出现意外。从某种程度上说，几乎所有人都会遇到这样那样的意外，对那些渴望取得伟大成就的人来说更是如此。当意外发生时，只剩下你自己和你沿途做出的决策。就像亲属保险公司的肖恩·哈珀说的那样，你不可能怀疑自己的感觉。相信你的直觉是唯一一条让你活得无悔的路。对我来说，无论我母亲怎么样，我都要继续面对眼前的生活。如果我当时没有辍学离开高中，现在的我会是什么样子？我的母亲仍然会去世，而我没有不断增长的薪水去支付她需要的护理费用，也许她会去世得更早。那我又会在什么地方呢？我可能进不了市长办公室，甚至连大学都上不了。童年的创伤可能会影响我成年后的生活，我可能会怨恨母亲浪费了我的潜力。

恰恰相反的是，尽管在情感上受到了重创，我的职业道路却清晰可见。

◉ ◉ ◉

意外总是轻而易举地到来，这时你会做什么？你需要继续前进。凯莉·扬（Kaley Young）的经历就能说明这个道理。当凯莉和她的妹妹凯拉（Keira）、弟弟克里斯蒂安（Christian）来到《创智赢家》时，凯莉有太多事要做。凯莉19岁时便从大学辍学，因为她母亲患了乳腺癌。凯莉帮父亲照顾着她的弟弟妹妹，她的父亲基思（Keith）是一名消防员，后来也得了癌症。基思曾在世贸大厦遗址进行过救援工作，在"9·11"事件的余波中，我很可能碰到过他，因为那时我正在报道这一事件。

除了从事消防工作，基思还是一名热情的厨师，曾上过美国食品网络频道，并在与巴比·福雷（Bobby Flay）的猎人烩鸡对决中胜出。他也是一位创造型企业家，发明了一种新型菜板，菜板边缘挂有一个托盘，用于收集碎屑和汁液。在被多次拒绝之后，基思终于得到了参加《创智赢家》的机会，不过他已经在三个月前去世了。

凯莉仍然深深地悲痛着，她本可以把那封信丢进垃圾桶。但她决定继承父亲的遗志，用父亲留给她们的东西改善家庭的状况。凯莉带着她的弟弟妹妹一起飞往洛杉矶参加节目，那是一个感人肺腑的时刻。我多么想跳起来保护凯莉，告诉她，她一定会渡过这个难关，一切都会好起来的。

她们的菜板质量非常好，这个家庭也需要帮助。但是，基思购买的菜板生产工具在他生病期间生锈了，而孩子们需要三万美元来购买新的工具制造菜板，以将其推向市场。我们请她们出去了几分钟，好让我们商量一下。我和马克·库班（Mark Kuban）交换了一下意见，最终我们五个投资人拟定了一个计划来帮助这个家庭：我们出资十万美元，用于换取该企业 20% 的股份，同时，我们将把所有收益捐给那些在"9·11"事件救援行动中罹患疾病的消防员家庭。我们共同努力，让这个家庭梦想成真。

在三个月内，戴蒙德·约翰（Daymond John）的团队为她们争取到了与威廉姆斯－索诺玛公司（Williams-Sonoma）的会面机会，现在，这款菜板是整个连锁店里最畅销的产品之一。如今凯莉和她的家人经济状况稳定，这真是个令人难以置信的故事，而这一切之所以会发生，是因为凯莉虽然面对着巨大的家庭悲剧，但依然没有放弃前进。她全力以赴，最终获得了回报。

◉ ◉ ◉

你生活的环境并不能决定你人生旅程的方向。我本来注定是要失败的，但我选择相信自己的直觉，这给了我破局的机会。凯莉也一样。我们每个人都有这样的能力，这是千真万确的。我们只需要倾听自己内心的声音，哪怕它再微弱。

第二章
战胜你的心魔和敌人

如果你和我一样，在还是个孩子的时候，就幻想着一旦真正长大，比如说 30 岁之后将得到无穷无尽的知识，在面对这个疯狂的世界时，这些知识将为自己保驾护航。到那时，你将抚平你童年的创伤，驯服所有扯你后腿或诱导你做出错误选择的心魔，拥有所有问题的答案。你会变得冷静、平和，纵泰山崩于前而面不改色。

唉，我一直在等待这个神奇的时刻。

别误会，实际上我能很好地处理危机。"9·11"事件之后，我负责处理媒体工作，同时在世贸大厦遗址生活了两年，一天 24 小时、一周七天帮助纽约市进行重建工作。一个人有过这种经历，怎能说他没有应对一切事情的能力呢？最终，我参与到建设"9·11"事件纪念馆的项目当中，同时也完成了法学院的学业，接着，出乎意料地，我接到了纽约喷气机队的电话，对方希望我能接手那个不可能完成的任务：在曼哈顿西侧修建一座新的橄榄球场。他们希望这座新的橄榄球场能够为纽约市最终申请到 2012 年奥运会的主办权起到关键作用，而我在纽约市政府机构工作的经验让我成了最合适的人选。然而，虽然我的职业生涯顺风顺水，但我的个人生活依然一团糟，甚至很多方面我在当时都没有意识到。

我成了纽约喷气机队的高管，最终负责整个球队的业务。我手里有了一个新的项目，一个三个月大的儿子，还有一套位于布鲁克林高地的漂亮公寓。我终于有了安全感、幸福感，甚至还获得了一点儿被治愈的感觉。我以为我已经把童年的悲剧抛在脑后了。

然后我就得了癌症——睾丸癌，这是"9·11"事件后接触世贸大厦遗址有可能罹患的癌症之一。我身体里长了一个巨大的肿瘤，在经历了数周的疼痛和否定之后被确诊为睾丸癌。即使我的生命可能已经岌岌可危，我想的也只是要如何去掩盖自己的病情。对于我起步艰辛的事业，我有太多挥之不去的羞耻和不安，我不敢暴露自己的弱点。我确信，如果有人知道我罹患癌症，我新职位的草拟雇用合同将会被废弃，我也将失去梦寐以求的安全感。虽然我知道自己对纽约喷气机队很有价值，但我还是担心会在一瞬间失去一切，重新回到那间在皇后区的肮脏公寓中，吃着政府发的奶酪。

在手术切除睾丸后的第二天，我就回去工作了，腹部上有一道三英寸①长的伤口，上面还沾着血迹。我和喷气机队的教练们有个晚宴。我强迫自己起床，丢掉止痛药，下定决心要向他们证明我是不可击败的。我走进餐厅包厢，球队主教练埃里克·曼吉尼（Eric Mangini）正在主持晚宴，周围坐满了其他教练。我装作什么都没有发生过，淡定地抓过一把椅子坐了下来，但想要忽视我两腿间夹着的一大袋冰袋是不可能的。我举起酒杯，提出了我的新座右铭，不久后它将出现在我的工牌上："单颗 ××，加倍男人。"

我当时以为自己是个英雄，彰显了坚韧和勇气，但现在我想到那天晚上发生的事情就感到难堪。那天我所展示的只是我的脆弱。我在给我的手下传递这样一则信息：如果我能在做完手术的第二天就回来工作，你最好也把自己的困难放在一边，给我坚持下去。我现在才明白那时的我是个不称职的领导，要求高、不妥协、死板——因为我就是这样对待自己的。如果你不能给予自己最基本的善意，你就不可能去同情他人。我不相信有人会给我一个迟疑的机会，让我喘一口气，承认我并不是超人。但事实上，我错了。

---

① 1 英寸 = 2.54 厘米。——编者注

◦ ◦ ◦

　　无论你取得了什么样的成就，你都可以很容易地让自己相信这些成就还不够，你也还不够好，一旦你暴露了自己的弱点，就会有"秃鹫"飞过来第一时间将你击倒。但无论是否真的会有"秃鹫"出现，或者其实只是我们头脑中消极的声音，我们都不能让它们啄食掉自己的自尊心。在烧掉你的船之前，我们必须对自己有信心，不要害怕那些试图摧毁我们的力量。我们必须从那些试图击垮我们的人手中夺回力量、从我们过去的耻辱和失败中夺回力量、从我们的内心深处夺回力量，击碎所有的疑虑，下定决心完成艰苦工作并取得成果。本章将会介绍一些我相信能帮助我们战胜过去、获得无限未来的至关重要的原则。

征服唱衰者——用爱的支持呵护你的想法

　　当大卫·张 2016 年决定在他位于纽约的一家福桃餐厅中第一次供应"不可能汉堡"时，他遭遇了深深的怀疑。"没有人想要吃素食汉堡。"几乎所有人都这样对他说。《纽约邮报》的专栏作家兼美食评论家史蒂夫·科佐（Steve Cuozzo）写道："（创始人帕特里克·O.）布朗（Patrick O. Brown）的不可能食品实验室花了五年时间斥资 8000 万美元——整整 8000 万美元——才研制出一款我连用 80 美分都不愿意买的汉堡。""我绝对不会花 12 美元去买这样一个汉堡，而这就是福桃西餐厅里的售价。"

在新闻发布会上，我和史蒂夫·科佐并排站在后厅，看着大卫介绍他的素食汉堡，我也尽职尽责地吃了一个，但实际上我和史蒂夫·科佐的想法是一样的。我成年后一直都在和自己的体重作斗争，当看到"不可能汉堡"的热量和平常的汉堡相差无几时，我真的搞不懂人们为什么会去买它。正所谓"要么做大，要么回家"，对吧？尽管如此，因为我是大卫忠实的伙伴，所以当他预测素食汉堡将引领一场巨大的社会风潮时，我也只能微笑着表示同意。

我和其他人没能完全意识到的是不断恶化的气候危机和即将兴起的转向素食食品的道德风向。大卫比我们大多数人先察觉到了这一威胁，他认为大量食用肉类会为地球带来灾难，人们会因此去寻找肉的替代品。福桃西餐厅是第一家与不可能食品公司签署合作协议的餐厅，后来的事实证明，大卫的直觉是完全正确的。因为我们是技术的早期采用者，所以我们获得了一小部分股权。《纽约邮报》的撰稿人曾声称自己不会花 80 美分购买这种汉堡，但四年后，投资人对此却有着不一样的看法，他们估算"不可能汉堡"公司的市值已经达到了 40 亿美元，而就在我写这本书的时候，该公司刚刚筹集到了 5 亿美元融资。大卫比我们其他人更清楚地看到了未来，但如果他当时听了我的话，或者听了《纽约邮报》的话，他就会一直等待，直到错过这个机会。

"你得置身其中才能看到它。"大卫解释道，"当你一直待在一个行业中时，你就会拥有洞察力，你比那些外行人知道得更多，你能看到事物发展的方向。当然这不是绝对的，但对我而言，我确实要比普通人更了解饮食业的发展方向。遇见了'不可能汉堡'，我感觉自己就像一个不想一遍又一遍制作同一张专辑的艺术家。我知道我们需要改变，需要做一些不一样的事情。有趣的是，在我年轻的时候，人们批评我不愿意迎合纯素食主义者和素食主义者，但随着时间的推移，我看到了世界的发展方向。人们想要吃得更健康，也更加关注地球，更不必说到 2050 年时我们将面临蛋白质短缺的问题。改变势在必行。我想要在临界点到来之前就采取行动，特别是我知道，通过行动，也就是下定决心参与进去，我也能出一份力，去加速进步的来临。"

◎ ◎ ◎

当我第一次投资无人机竞速时，我和大卫一样被人嘲笑过。没有人将它视作一项运动。他们无法想象人们会从无人机的视角来观察这个世界，看着这些昂贵的"玩具"在废弃的仓库里绕着管道和破损的窗户飞行，并以每小时 100 英里^①的速度相撞。但我拥有一个怀疑者所没有的东西，那就是对其创始人的信心，我完全理解他的愿景。

我的团队中有一个 20 多岁、很有远见的年轻人，他首先把尼古拉斯·霍巴切夫斯基（Nicholas Horbaczewski）带到了我的办公室，这位创始人向我阐述了他勾勒出的未来：哪个孩子没有梦想过飞行呢？无人机给了我们这个机会，让我们即使不用飞行也能获得飞行的体验，第一次从一个新的有利角度来观察这个世界。这种感觉不仅让人极其上瘾，而且因为这项新运动将催生出一批高性能的无人机，所以大众也能体验到这种感觉。这个愿景听起来很棒，但如果创始人没有能力将它落地、变现和规模化，一切都将毫无意义。尼古拉斯拥有实现这一愿景的完美资质：拥有哈佛大学的工商管理硕士学位、作为"强悍泥人"^②（这个曾经为"周末勇士"设计的小众障碍赛现已成为主流）首席营收官的经历，以及制作短视频的经验。他的能力能够使无人机竞速看起来和其他运动

---

① 1 英里＝ 1609.344 米。——编者注
② 即 Tough Mudder，一项长度为 16—20 公里的跨越障碍比赛，由英国特种部队设计，目的是测试参与者的体力、耐力、毅力和友谊精神。——编者注

一样酷炫。

我并没有投入尼古拉斯的世界，但我和我的团队进行了研究，找到了支持尼古拉斯愿景的早期迹象。在网络上搜索时，我发现了一个我之前从未了解过的亚文化：世界各地的孩子们已经会在公园和车库里进行无人机竞速了。并且，我意识到，随着电子竞技的兴起，无人机完全可以融入这一趋势。

这些比赛并不成熟，但早期开始使用无人机的人已经开始组织并举办临时性比赛。虽然这些比赛的内容比较粗糙，而且是用户自行设计的，但总体看上去还是很不错的。不难想象，如果有资金的保障，通过在技术上进行投资来延长电池续航、提供比赛运营的后勤支持，并生产出有吸引力的成品，无人机竞速可以变成一项正规的运动。就像人们可以看别人玩电子游戏一样，他们也可以看别人进行无人机竞速。寻找赞助是把一项业余爱好转化为可行的联盟运动的至关重要的一步，考虑到网络上已经有相关的无人机视频，加上尼古拉斯本人的背景，这似乎是完全可行的。

但大多数人没有看到这一点。他们想看的是营收额数值，而现实是根本没有任何营收。当你在尚未实现营收的生意上投资时，你不能关注自己是否看上去正确。你要做的只是做出正确的决策。

"这是一个大项目，"尼古拉斯回忆道，"我试图去弄懂，如何在未经测试和不完善的技术条件之下建立一项全球性的运动。这是我见过的最酷的东西，但我知道它很复杂、风险很高，而且需要大量资金。当我遇到唱衰者时，他们告诉我我会失败，而且原因我应该心知肚明：这并不容易，我的愿景是打造一个新的全球体育特许经营机构，而这条路上有很多障碍。我能做的就是去聆听。他们想到的风险我是否考虑到了？我要取得怎样的成绩才能让他们开始相信我？"

尼古拉斯的态度是完全正确的。"就像大多数创业者一样，"他继续说道，"我得到的信息是很有限的，但我却要处理一个复杂的问题，因此我必须利用每一个机会来审视我的假设并完善我的想法，即使这些批评是来自唱衰者的。而且，我也看到了我身边重大的文化转变。我可以清楚地看到，电子竞技和体育创新技术的融合不是一种暂时的趋势，而是未来体育业的基础。"

我不需要先成为一个能理解所有细枝末节的天才，再去考量尼古拉斯的这个项目，但我必须对大多数人不能理解的事物进行足够多的思考和探索。无人机竞速不是一种业余爱好，而是一项运动，或者至少有潜力成为一项运动。当然，有许多人尝试过把一项小众爱好转变成一项体育运动，但最终失败了。因此，实话实说，对于无人机竞速联盟的未来我也说不准，我也不知道它最终会不会变成主流。我所知道的是，尼古拉斯会通过各种挑战进行项目迭代，并找到解决方

法。事实上，我们已经成立了一家新公司并利用了尼古拉斯
的尖端技术。Performance Drone Works 无人机公司研发了一
种小型的自控机器人，它可以在人类触及不到的地方充当人
类的眼睛和耳朵，帮助军队和执法部门获得战术优势，并在
危险的情况下保护人类的性命。

⊙ ⊙ ⊙

我们不能让唱衰者获胜。为了取得进步，不管别人说了
什么，我们都必须忽略掉那些消极的东西，去追求我们的目
标。人生就像一场创造者和毁灭者之间不断较劲的拔河比赛。
创造者最终会胜利——这是必然的，而且在历史上也得到了
证明，但这并不意味着打败毁灭者是件容易的事。抱怨有唱
衰者打击你是于事无补的，就像你不可能让世界没有重力一
样。你爬得越高，就有越多人想要把你拉下来。

但你没必要让自己受到攻击。相反，可以把那些唱衰者
的声音当作有用信息的来源，他们代表了一部分会本能拒绝
你的想法的人。他们在测试和加强你的决心。如果你不能向
那些质疑你的人证明你业务的闪光点，你的业务也许根本就
没有存在的价值。唱衰者证明了在承担风险的过程中真的有
"阿尔法"的存在——也就是获取超额收益的可能性。如果每

个人都能发现好点子并鼓起勇气去追寻它，就不会有人有先发制人的机会，能在别人看到这个点子的潜力之前率先实现突破。

唱衰者之所以要这样做，是因为他们自己也是有缺陷的。我不怨恨他们；我对他们抱有同情心，因为我知道他们的不满来源于自己内心的黑暗。然而，当你遇见他们时，你依然会感到痛苦。

为了预防这些唱衰和不满，我们首先需要了解那些试图阻挠我们的人的一些常见动机，并思考这些动机是怎么表现出来的。

缺乏信息

人们可能会对你看到的机会视而不见，因为他们缺乏相关背景、不明白你的愿景或者没有预测未来的能力。"不可能汉堡"和无人机竞速就是很好的例子。另一个例子来自我的工作，那时我正担任"9·11"事件纪念馆项目的首席运营官。当我们开始制订修建计划时，整个城市在实际要求方面存在严重的分歧。一部分人想要将这块整整 16 英亩[①] 的土地视为一块墓地，认为根本不需要重建。但更多的人则认为，如果不能把这块土地恢复到往日的光景，就是一种投降。另外还

---

① 1 英亩 ≈ 4046.86 平方米。——编者注

有人只想简单地重新复制一座双子塔，他们不明白为什么我们要考虑去做其他事情。关于双子塔，其最初的设计饱受建筑界诟病，很多人认为它与曼哈顿天际线的其他部分不协调。有些人评价它"有着非人的规模和尺寸"。

我们所处的境地没有他例。通常纪念馆不会在人们仍沉浸在悲痛中时修建，而是在事件过去很多年之后，在我们有时间从历史的角度梳理它的意义之后才会修建；通常纪念馆不会修建在一个城市用作金融中心的大片土地上，让这片土地既要纪念发生过的事件，又要肩负起振兴经济的重任；通常纪念馆不会修建在逝者安息的地方，更何况有一些遗体到现在还没有被找到。我们的任务是调和矛盾冲突，这注定无法让任何人完全满意。

我与来自曼哈顿下城开发公司的同僚一起参观了许多其他地点，包括刚刚遭受袭击的五角大楼、联航 93 号航班在宾夕法尼亚州尚克斯维尔镇坠毁的那片农田、亚拉巴马州蒙哥马利市的民权运动纪念碑和俄克拉何马城国家纪念馆。这些纪念场地用它们的方式履行着自己的使命，通过观察它们，我们得到了新的视角。我们意识到，仅仅以纪念逝者为重点所做出的努力太流于表面，经不起时间的洗礼。一代人一旦离去，这种类型的纪念就失去了情感上的共鸣，这对于那些想要纪念的人是一种伤害，因为它无法告诉人们在当时的历史背景下发生了什么，以及发生的原因。我们明白了最大的挑战是建造一个不但能纪念逝者，而且不流于表面的纪念馆，在那里我们的子孙能立刻明白自己国家曾经遭受过的暴力。

1981 年，年仅 21 岁、就读于耶鲁大学的林璎一举成名，她在设计越战纪念碑的公开竞赛中获胜。报纸媒体批评林璎没有尊重逝者，认为她提出的想法太过抽象。在人们最终接受她的作品并按照她的方案建成纪念碑之前，一些人将其称为"耻辱的黑色伤痕"。我们知道她比任何人都懂得关键点在哪儿，所以我们邀请她成为世贸中心纪念馆的评委。

在本次竞赛中，我们收到了来自美国 49 个州和 63 个国家或地区的共计 5201 份作品。林璎和其他评委在极大的压力下评阅了所有作品。最终，在对包括双子塔遗址在内的纪念地点进行总体规划之后，我们为获胜的纪念馆设计方案〔名为"倒影缺失"（Reflecting Absence）〕预留了四英亩半的土地，地下是一个葬有无法辨认的遗骸的墓地，可供受害者的家人参观，此外还有一个博物馆来讲述我们遭受的损失和这一悲剧。紧邻其旁，我们修建了当时北半球最高的建筑——世界贸易中心一号大楼，也叫作自由塔，其高度为 1776 英尺 ①。虽然它们是作为两个独立的项目被分别评阅的，但最终的结果起初让两个项目的支持者都不满意，不过，退一步来看，整

①　1 英尺 = 0.3048 米。——编者注

个地点最终形成了一个完整的项目。沉思和重生这两个要求都得到了满足。可以说，世贸中心纪念馆如今已经成了世界上最著名的纪念地点之一。

我们花费时间进行研究和开发，了解了事情的前因后果，因此我们能自信地忽视掉那些唱衰者，去创造真正特别的东西。但是，我们没有办法向全世界传达这些信息。我们必须与误解和解，让历史来盖棺论定。

嫉妒

有时候人们会批评你，那是因为你的成功激发了他们成功的欲望。商业媒体会给富有远见和表现卓越的企业高管颁发奖项，一项调查就研究了奖项的涟漪效应。研究结果证实，嫉妒会让人做出疯狂的举动。当一名高管赢得了一个备受瞩目的奖项，成了研究中所说的"明星首席执行官"时，有数据显示，在其获奖后，他或她的竞争对手更倾向于加大投资和进行新的收购。在这些情况下做出的交易比那些有数据支持的交易更容易失败。他们仅仅因为竞争对手得到了媒体的称赞，就心生嫉妒，偏离了自己的计划并做出了错误的行动。这一效应对那些差一点获奖的首席执行官影响更大，因为失利者更容易做出愚蠢的举动。嫉妒是一种能深刻影响人的情绪。因为嫉妒我们的成功，所以唱衰者常常想要误导我们，也正因如此，面对他们那些不可靠的观点，我们绝不能相信。

不适感

第三类唱衰者希望世界保持现状，因为改变是令人不舒适的。他们需要用你的失败来合理化自己的不作为，并证实自己的信念，即冒险走出舒适圈是危险的。他们停留在原地，继续做自己一直在做的事情，当你因为短暂的失败而退步时，他们就收获了快乐。

我在纽约喷气机队任职时对这一点深有感触。我一直相信球迷想要尽可能多地接触球员，这推动着我去拓宽还处在"西大荒"时期的互联网社交媒体边界，试图将美国国家橄榄球联盟拉进现代。我相信把球队带到球迷身边是至关重要的，我们不能总是期待球迷通过官方渠道来参与互动，而当时所谓的官方渠道其实就是一个网站。我的愿景是能和我们的球迷在任何地方互动，并在得到足够多关注之后考虑进行变现。我们曾在一个著名的社交网站上积累了大量的粉丝，后来联盟写信告诉我们不能在上面运营了。于是我们转战另一个社交平台，想要将我们的球员打造成流行文化巨星，但又遭到了联盟的阻止。他们想要限制我们，使我们只能通过官方渠道发布消息，让球迷的交流局限在联盟可控的范围内。这与我认为的正确接触球迷的方式背道而驰。有一年，在联盟主席上台宣布结果之前，我们提前在社交网站上公布了选秀的名单（回想起来，这一举动并不入流），我们对外声称这样做是为了球迷，因为我们知道他们在焦急地等待着结果。但老实说，我们这样做是为了扩大自己的粉丝群体。我们知道这一选秀信息将会被成千上万次地转发。请求原谅比征求许可容易得多。

毫无意外地，联盟对此十分震怒，他们没有把我们的这一举措视为创新之举并接受它，然后沿着这条路加强与球迷的互动，而是通过了一项规定，禁止了我们的做法。这一结果令人感到非常沮丧，因为它并不合理，联盟实际上应该加入我们，就像韦恩·格雷茨基（Wayne Gretzky）说过的那样——"滑到冰球将要到达的地方"，我们应该尽可能地靠近球迷。如今这个问题在职业体育中依然存在。除了少数例外，大多数体育队伍和联盟都致力于维持现状，不到万不得已时不会接受新的媒体渠道。

暴露

最后，还有些人担心我们的大胆行动会反衬出他们的软弱与低劣，这让他们觉得有必要提前阻止我们。那些认为自己能力不足的人通常会将别人拉到和自己一样的水平线上，或者因为别人太过出类拔萃而羞辱他们。"高大罂粟花综合征"（Tall Poppy Syndrome）这个说法在澳大利亚和新西兰很流行，它折射出的观点是：所有的花朵都应该一样大，如果其中一朵花长得太高了，就应该把它剪掉。加拿大的一项研究"最高的罂粟花：成功女性为成功付出了高昂的代价"调查了 1500 多名成功的职场女性，发现其中 87% 的人被同事使过绊子。

该研究中的事例有惹人心烦的，也有让人胆战心惊的。

"在我刚开始工作的头几周，"一位受访者说道，"老板在每周一发的电子邮件中表扬了我，因为我做的一件事……同事们毫不避讳地表达了他们的嫉妒，并且整个星期都在谈论这件事。"

"三位领导都曾是公司的所有者，他们围住我，把我赶到天台的栏杆旁，"另一位受访者表示，"他们充满敌意，非常严厉，甚至会威胁我的人身安全。后来他们把我赶进了办公室，把门挡住，不让我离开。"

与其创造一个让有才之人腾飞的环境，唱衰者更愿意打压别人，让每个人都甘于平庸。

"高大罂粟花综合征"甚至启发了人们创建一个在线社群，社群里有数以万计的、来自世界各地的家长，他们分享着自己的苦恼：他们的孩子天赋非凡或者表现卓越，但教育系统却让孩子很难展现自己的才能，因为他们害怕其他学生的平庸被反衬出来。这创造了一种"平庸者文化"，它与我们理应追求的目标背道而驰。

◉ ◉ ◉

以上就是人们在试图打击你时的主要心理动机，但归根结底，这些心理动机并不重要。关键在于我们如何应对他们的批评。

幸运的是，这里有一个秘诀能帮助你。

自我对话的力量

当我第一次坐在《创智赢家》的舞台上时，我完全僵住了。焦虑占据了上风，我差点毁了自己的电视处女秀。在节目录制刚开始的十秒钟里，我惶恐不安，一个字也说不出来，马克·库班向我投来一个诧异的眼神，或许他在想："谁邀请了这个家伙？"但是，我记得自己扭转局面的那一刻，我抓住了脑海中的一个声音，它告诉我，我不会失败。"听着，马特，"我告诉自己，"你属于这里，证据就是你现在就坐在这里。"

这话起效了，任何懂得鼓励自己的人都知道背后的原因。自我对话已被证实具有激励自己的作用，但其效果取决于你如何与自己对话。请注意，我是用第三人称来称呼自己的："马特，你属于这里。"记住，要使用你自己的名字，而不是"我"，你应该把自己抽离出去，这样才更能让鼓励引起共鸣。关于我们如何减少压力和社交焦虑的一系列实验已经证实了这一点。你创造了一个名为"超我"的权威人士，他考虑的是你的最大利益，因此你不会质疑他。这是个不同寻常的发现，我们都能训练自己轻松地做到这件事。

写下来的话语会更有效。在一项研究中，一些来自弱势群体的学生写下了对自己来说最为重要的价值观，比如自信、创造力、同理心和独立性，而他们最终取得了比对照组更好的成绩。在另一项研究中，一些节食者写下了他们一生中最珍视的东西，包括人际关系、宗教信仰和身体健康，最后他们比那些没有写下这些东西的节食者减掉了更多的体重。强化你的身份认同——再次确认你的立场和信仰——能够帮助你在面对外部甚至是内部的挑战时，更容易坚守本心。

我们都需要将自己脑海中的声音训练成自己最大的盟友，因为在平时的生活中，最有影响力的对话就是我们与自己的对话。我们往往在世界对我们发难之前就用自我对话击垮了自己。预测老板会针对自己暴露的缺点说些什么，导致我们备受煎熬，该责怪的是老板还是自己呢？我们破坏了自己的努力，变得比自己害怕的唱衰者们还要糟糕。我们不能一边这样做还一边期待着收获成功。相反，我们需要像对待朋友一样善待自己。当我们逐渐明白人世间唯一重要的认可只来自自己时，就能意识到，我们有能力使自己免受外界的轻蔑和嘲笑。

◉ ◉ ◉

无论如何，我们都需要尽力避免接触那些对我们吹毛求疵、对我们追求的目标持批判态度的人。我们需要尽最大努力利用自己能得到的正能量，以实现那些伟大的想法。要谨慎选择你的咨询对象、你的朋友圈，以及你信任的人和重视的事物。我要提醒那些正在孵化新公司或新想法的人，新的事业在一开始都是十分脆弱的。要用尽全力呵护你的梦想。你需要创造一个良好的环境来坚持你的初期计划，不要让你的直觉被淹没。很多人都有自我厌恶的倾向，这是我们甚至都不会向至亲袒露的、太过羞耻的秘密感受。所以，我们最不需要的就是大量负面的声音，特别是在早期，在新的事业还十分脆弱的时候，负面的声音只会加固我们头脑中已有的疑虑。

电视节目《大脑游戏》（*Brain Games*）曾进行过一个非常有趣的实验，他们找到了一个曾在观众欢呼声中连续命中九个罚球的优秀投篮手，然后蒙上了他的眼睛。接着，在该球手投篮时，不论球是否命中，观众都不再欢呼，而是发出嘘声。再摘掉该球手的眼罩，待他的视力恢复正常时又让他投篮，突然间，这位天赋异禀的罚球手开始频频失手。在一群唱衰者面前，他完全失去了自己的正常水平。

我们都需要适当的支持和温柔的关怀。如果你的身边围满了错误的人，他们将消耗你的能量和前进的动力。在我们起步之前，我们需要保护自己免受不必要的批评，并在早期从那些单纯鼓励我们的人或是被我称为"务实的乐观主义者"的人身上获得前进的动力。这些人应该拥有足够多的背景知识，能从我们做的事情中看见一丝希望，他们往往会鼓励而非打击我们。你有大把时间与批评者们一起对你的想法进行压力测试，但绝不是在最关键的早期孵化阶段。

《大脑游戏》继续做了一个实验，展示了即使只有外部的一点点支持力量也能极大地提升我们自己。一名女士投篮十次没有命中一次，然后制片人为她蒙上了眼罩，让她再次投篮。制片人特意让观众对该女士未命中的两次投篮疯狂欢呼，让她错以为自己命中了两次。观众的欢呼声刺激了她体内内啡肽的分泌，赋予了她对于投篮的自信。摘掉眼罩后，她又投了十次篮，结果命中了四次，与第一轮相比，这样的提升是十分巨大的。

● ● ●

这些听起来都很棒，但如果你感觉不是被人群或自己的观点所拖累，而是被你的经历所束缚，该怎么办？ 我曾经在很长一段时间内背负着一种羞耻感，这种羞耻感阻碍了我的成长，直到我找到了重构它的方法，以及将挑战视为自己的超能力的方法。我所遭受的困苦给予了我坚韧不拔的勇气和毅力，以及看清前进道路的洞察力。

在一个特别黑暗的时刻，我曾见过天主教斯卡拉布里尼修会（Scalabrini order of the Catholic Church）的总会长，他关注着全球的移民和难民项目。斯卡拉布里尼修会历史悠久，长久以来一直奔赴战争和抗击贫困的前线。他和我谈论了羞耻感所带来的掣肘，以及洗刷掉我们生活中累积的污点的困难之处。他让我闭上眼睛，想象一枚钻石戒指从手中滑落，掉进了我能想象出的最肮脏的下水道。"孩子，"他告诉我，"等多年后那枚戒指被重新找到，待洗去所有的污秽，直到那时，我们才会明白，其实钻石一直都是钻石。"

将你最难以启齿的缺点变为令人惊叹的胜利

雷克斯·瑞恩在 2009 年至 2014 年间担任纽约喷气机队的教练。他拥有许多优秀的品质，比如坚持不懈的毅力和面对比赛的强大抗压能力，但是，他执教多年来一直隐藏的个人耻辱被曝光了，这使他的职业生涯受到了威胁。在纽约喷气机队参加 2010 年季后赛期间，人们发现了一段视频，视频里的雷克斯假扮警察拦下了他妻子的车，然后用一种充满性暗示的方式去欣赏和按摩他妻子的脚。更多这样的视频相继浮出水面，各大媒体争相报道。雷克斯十分尴尬，他认为这将葬送他的婚姻和事业。无论是否合理，雷克斯都认为这些视频的曝光揭露了他内心深处的人格缺陷。他担心这件事将抹杀掉他人生中取得的所有成就，他的余生都将受到影响。我记得当我走进雷克斯的办公室时，他刚刚和球队的媒体关系副总裁布鲁斯·斯皮特（Bruce Speight）一起祈祷完，布鲁斯是球队里一名虔诚的信徒。

"雷克斯，没想到你还会祈祷。"我说。

"现在我会了。"

雷克斯真正应该转变的不是他的信仰，而是他的思维方式。试问，有多少男人在结婚 20 年后还像雷克斯一样深爱着他的妻子？ 我告诉雷克斯："你不应该对此感到羞愧，事实上你应该上《奥普拉脱口秀》！ 关于如何给婚姻增趣，你可以写五本书！"

雷克斯挺过了这场丑闻，纽约喷气机队也进入了美国橄榄球联合会冠军赛。直到今天，雷克斯在看见我时都会脱口而出："哇，这不是奥普拉吗！"

"我需要你，"雷克斯最近告诉我，"而你一直都在我身边。我会永远记得这一点。"

雷克斯展现出来的人性得到了许多人的支持。"我爱我的妻子,"雷克斯解释道,"你不会相信,这件事发生之后,有多少人来到我身旁为我打气加油。用某种方式看,我恰恰言中了我一开始就对他们说过的话:我并不完美。我告诉过他们我也会犯错,后来我也确实犯了错。而我们都会犯错。一旦人们知道你懂得这个关于人性的真理,他们就愿意相信你。他们知道你是一个真实的人,在美国国家橄榄球联盟的更衣室,不像在其他地方,球员们会一眼看出谁是虚伪的。我的耻辱成了我的力量。"

你的耻辱也可以成为你的力量。你担忧有些东西将会阻碍你前进,但不论那是什么,它都只是你人生故事中的一个片段。每个人都有自己需要深思、隐藏或难以启齿的事情。一旦你意识到了我们每个人都怀揣这样的秘密,它们对你的影响就会减弱。当然,你不能去伤害别人,而幸运的是,在过去几年间我们看到,那些真正恶劣的行为,比如偏执、歧视、骚扰,甚至更糟的行为,都受到了合理的惩罚。但只是作为一个人,偶尔展现出你的人性呢? 这不是一个问题,而是一种胜利。

雷克斯说:"我把一切都展示了出来。伟大的领导者必须具备人性。"

他们还需要有幽默感。即使到了现在,十多年过去了,这件事情有时依然会跟着雷克斯。2021 年 12 月，美国娱乐体育节目电视网采访雷克斯，讨论四分卫阿隆·罗杰斯（Aaron Rodgers）脚趾受伤的问题。"我是一个脚趾专家，"雷克斯打趣道，这让身旁的人都笑了起来。正如雷克斯所言，你必须做一个真实的人。你必须拥有人性。

◎ ◎ ◎

我的合作伙伴大卫·张的故事也从不同的方面阐述了相同的原则。不单单是"不可能汉堡"，大卫的经历在外人看来就像一个传奇崛起的过程——从他 2004 年在纽约东村开了他的第一间餐厅"福桃拉面店"，到建立一个餐饮帝国、创办自己的杂志《福桃》和电视节目，他取得了无数的成就。但只有我们这些亲近的人才知道，幕后的他一直都在与躁郁症作斗争。2018 年，大卫开始敞开心扉讲述自己内心的挣扎，讲述他如何一直掩饰着自己的挣扎，又如何常常陷入长时间的抑郁。大卫向公众坦露了自己的挣扎，甚至为此写了一本书，他也因为这一份勇气而得到了全世界的喜爱，毕竟这类话题曾经被视作一个禁忌。"不单单是餐饮业，我收到了来自不同行业的人的回应，"大卫说道，"我认为任何人都有必要去谈论这些事情，我发现我经历的挣扎和其他人产生了共鸣。"

大约 1500 年前，朝鲜半岛上的新罗国领袖是张保皋，而大卫就是他的后人。我和大卫因为共同的焦虑和偏执成了朋友，大卫作为一个韩国人感受到的痛苦，我作为一名白人，也恰巧能够感同身受，这就是我们的"恨"（Han）。我确实觉得我从文化角度理解了这个概念，在几乎所有的事情上感到痛苦，被永恒地折磨着。当事情太过顺利时，我会给大卫打电话："告诉我，一切都是糟糕的，对吗？"

大卫曾经说过："每当马特感觉太过良好时，他知道该给谁打电话。"事实上，这让我们的关系更加紧密了。人们不仅接受了我们的缺点，还会因为这些缺点爱我们。这些缺点证明了我们是真实的人，同时也证明，无论我们有着什么样的背景、无论我们经历过怎样的挣扎，成功的道路都是切实存在的。布莱恩·史蒂文森（Bryan Stevenson）是一名律师、一位法学教授，也是"平等司法倡议"（Equal Justice Initiative）的发起人，该倡议旨在为死刑犯发声，目前已经帮助超过 130 名死刑犯免除了死刑。布莱恩在他广受好评的回忆录《正义的慈悲：美国司法中的苦难与救赎》（*Just Mercy: A Story of Justice and Redemption*）中写道："我们每个人都比我们做过的最糟糕的事情要好。"

每个人都会犯错。我们不应该去审判他人，以免被他人审判。

● ● ●

还有一个令人吃惊的故事，讲述了艾萨克·赖特（Isaac Wright，别名 Drift，"漂流"）的经历。艾萨克是一名摄影师和城市探险家，2018 年作为伞兵在军队服役时开始学习拍照。艾萨克意识到，从极高处获得的视角既能带来令人惊叹的照片，又能给人带来一种不可思议的无限可能感。

艾萨克全身心地投入这项爱好中，他卖掉了自己的车以换取资金购买拍摄设备，他攀登桥梁、建筑物和任何能带给他理想视野高度的建筑结构。当然，这些建筑并不属于艾萨克，他因为非法入侵被抓，也因为入室盗窃罪（非法入侵并拍照）被判服刑 100 天。

艾萨克的故事本可以止步于此：又一个年轻的黑人男子，他的潜力被监禁悲剧性地截断了。然而，这只是这个故事的开始。艺术是不能被忽视的，即使身处监狱，艾萨克也依然坚信好日子就在前方。"在监狱里的时候，我对自己的信心和现在一样。"艾萨克告诉我，"我告诉看守和我的狱友，我的艺术将会改变世界，而这段经历是我成功的垫脚石。我觉得自己只是在接受考验，考验我是否能应对即将到来的一切，而我要做的就是继续努力。"

艾萨克于 2021 年 4 月 9 日出狱。正好一年后，他发布了名为《第一天出去》的非同质化通证（Non-Fungible Token，NFT）^①，这张照片记录了他回归艺术的瞬间。《第一天出去》成了有史以来售价最高的照片，一共售出了 10 351 个该照片的 NFT，帮艾萨克赚取了 680 万美元。艾萨克承诺拿出其中的 100 多万美元资助俄亥俄州汉密尔顿县的保释项目，以帮助释放囚犯，而艾萨克曾在该县被监禁。

艾萨克的故事向我们清晰地说明了一个道理：我们要将恶劣的生存环境转化为迈向成功的动力。艾萨克从举起相机的那一刻起，就知道他和他的作品注定会迈向伟大。"我的艺术的目标和愿景就是拓宽人类的思维，探寻可能性的边界。"艾萨克说，"当人们看着我的作品时，他们会看到一个巨大而广阔的世界，那也是我攀登时看到的世界，那个世界拓展了我的思维，让我思考还有什么是可以拓展的、我们的日常生活中还有哪些可能性。我的座右铭就是'飞向月球，永不回头'——找准自己的优势，然后一头扎进去。对很多人来说，这很可怕，但只有当你跨过了那条代表脆弱的细线时，你才能真正成长起来。我想要人们看到可能性的广阔。"

①　NFT 的实质是区块链网络里具有唯一性特点的可信数字权益凭证，是一种可以在区块链上记录和处理多维、复杂属性的数据对象。——编者注

◉ ◉ ◉

我曾对那些拿了高中同等学力证书的学生进行过演讲，他们中有的人已无家可归，对自己做的任何事情都看不到未来。我已经不再像那个出身于皇后区的孩子了，过去的痕迹被掩盖在我的定制西装之下，因此他们理所当然地认为我是含着金汤勺出生的。我总是在这样的时刻，最能理解为什么自己小时候如此艰难。将你的脆弱分享给那些生活困难的人，就是将你的悲伤当作一份礼物。正如你想的那样，他们都是些硬心肠的孩子，其中很多人加入了帮派，还有人逃离了虐待他们的父母。我开始讲述我的故事，其中的细节比我写下的内容更加具体，也更让我难受，这时，房间里的愤世嫉俗消失了，流淌的只有泪水。忽然之间，他们不再把我视作一位成功的陌生人，而是在我的身上看到了他们未来的影子。他们一开始认为自己的背景将永远阻碍自己成功——比如高中辍学的耻辱、无家可归或者饱受虐待。但我告诉他们，我就是一个活生生的例子——当你从痛苦的环境中崛起时，你不但会变得强大，而且会变得很特别。

"试想一下，如果雇主知道你靠自己逃离了收容所，即使居无定所也依然拿到了高中同等学力证书，他们会怎样看待你？"我告诉他们，"他们将看到你的能力，知道你可以实现任何你设定的目标。"

你的起点越低，你后来的成功就越引人注目。在所有我钦佩的人之中，排在榜首的就是那些既在为生存奔波又不忘记自己梦想的人。我说的就是那种在便利店打工，下班后还要开网约车赚钱，存钱想要开一家店的孩子。要生存下去就已经够难了，同时还想要追求更多，这就是一种卓越。

困住许多人的不仅仅是过去的经历，还有沿途必然的碰撞和擦伤——公开的失败、从未真正成功的项目和错误的决策等，在通往成功的道路上，每一位成功人士都遭受过挫折。我们都经历过成功和失败，通过研究身边的成功人士，我发现他们几乎都会使用一个小诀窍。

内化胜利，反思失败

迈克尔·鲁宾（Michael Rubin）现在虽然还不是一个家喻户晓的名字，但以后他一定是个大人物。作为一名天生的企业家，迈克尔在高中时就开了一家滑雪用品店，虽然营收额达到了 12.5 万美元，但他很快就破产了。他欠下了 10 万美元的债务，最值钱的资产是他 16 岁时买的一辆保时捷。迈克尔雇了一名破产律师，虽然他年纪太小，还不能自己去申请破产，但他最终还是在解决了债务问题后关闭了店铺。然后迈克尔去上了大学，但六周之后他就退学了，转头去做一项零售生意，最终大获成功。他开了一家电子商务公司，并最终以 24 亿美元的价格将其卖给了亿贝（eBay）。然后，迈克尔又买回了亿贝不重视的一小部分业务，即负责体育授权用品零售商业务的 Fanatics 公司。迈克尔将 Fanatics 做大做强，现在它已经成了全球最大的体育授权用品零售商之一。Fanatics 得到了美国职业棒球大联盟、美国国家橄榄球联盟和美国职业篮球联盟的球星卡授权，打破了包括托普斯（Topps）与美国职业棒球大联盟在内的多个长达数十年的合作关系。Fanatics 现在的估值达到了 180 亿美元。

经验告诉我：美国国家橄榄球联盟就像联合国一样，几乎不可能让所有球队老板都愿意与某个人进行合作和协调。有些人还极为看重背景——这正是迈克尔没有的。但是，迈克尔不仅和世界上最富有的那些人打上了交道，而且自己也成了富豪。他成功的秘诀是什么？那就是一次次地被拒绝，但永不气馁。"我爱我的失败，"迈克尔告诉我，"对我来说，失败是成功的预兆。我从失败中学习，我从失败中成长。"

换句话说，迈克尔没有用失败来定义自己。他可能会失败，但这并不意味着他就是个失败者。这是我在那些取得突破性成就的人身上看到的最重要的品质。世界上成就最高的那批人将成功内化为自身的品质，增强了自我效能感，就像

《大脑游戏》中的那位女士一样，蒙眼投进两球的错觉增强了她的自我效能感。取得胜利或失败，取决于你是否能将过去的失败抛诸脑后。当然，我们要吸取其中的教训，然而，一旦我们挑拣出了失败的残骸，就要将它埋葬在沙漠中，并且永不复返。它已经永远消失了。每当这些成功者遭遇失败，他们都会认为这是对"成功"这一定义的扩展，失败只是他们通往成功的垫脚石。

大卫·张曾谈到过失败："失败是进步的代价。如果我们想要打出全垒打，想要在自己的领域做到最好、无人能敌，就需要承认失败是有可能的。我们甚至要鼓励失败，因为失败意味着我们做的事是有挑战性的。"

面对失败时，我会把它分为以下四个阶段。

1. 我失败了。

2. 但我不是一个失败者。

3. 我将从失败中吸取教训。

4. 下一次，我会成功。

这么做并不意味着我们要忽视失败或逃避责任。那是在自欺欺人，我并不赞成自欺欺人。你必须认真分析你的失败，找到哪里出了问题，思考下一次怎样才能做好。你不能让失败定义你自己。

◉ ◉ ◉

这个道理通常和"损失规避"这一进化论概念相关。损失规避是人的天性，人类倾向于避免损失而非获取收益。对绝大多数人来说，意外得到 100 美元的惊喜远没有丢掉 100 美元的沮丧强烈。

在人类历史上的荒野时代，这种固有思维是有道理的。失去几天的食物可能会导致你饿死，但多找到一些食物并不能延长你的寿命。我们以狩猎为生的祖先必须守护好自己的食物，即使这意味着他们将不能得到更多的食物。但在如今这个食物充足、无线网络互联互通的时代，这样的思维方式就没有那么重要了。并且，坦率地说，信息套利的关键就是要包容潜在的损失风险，因为这是一场信息不对称的游戏。

亲属保险公司的肖恩·哈珀是风险评估方面的专家，他的整个保险业务都建立在风险评估之上。"你能失去的东西是有限的，"肖恩说道，"你只能失去你已有的东西。但是，你可以得到的却很多。你能得到的东西没有上限，你能得到整个世界。"你要做的就是调整自己的思维方式，对损失关注少一点，而更专注于成功，这将给你带来回报。即使面对过去的失败，成功人士也能取得新的成就，他们的秘诀就在于此。

但这并不意味着我认为失败就是一件好事。我的观点恰恰相反。在我们的社会中，人们对失败有一种近乎狂热的信仰，好像我们在成功的路上必须经历失败似的。我们可能会失败，但失败并不是一个必备条件，我们不能将其视作理所应当的。我不会为失败欢呼，相反，不论结果如何，我会为每一个精心筹划的冒险行为欢呼。我们应该不惜一切代价尽力避免失败。失败很糟糕，那些鼓吹失败的人就是在说谎。但是，当失败发生时（这几乎是不可避免的），要好好地利用它，然后尽力确保它不再发生。

当我们建立起能踏上任何旅程的信心时，还有最后一个教训。

关于同理心——对自己和他人都要有同理心

在我被确诊癌症后，我一度陷入了混乱之中。我拒绝给自己恢复的时间，拒绝让自己放松。这不仅伤害了我自己，而且伤害了整个球队。我一次又一次地看到这种情况发生：最没有同理心的经理也是对自己最严苛的人。你对自己很恶劣，对别人就会很恶劣，最终会影响你们目标的达成。

但是，如果你爱自己，拥有并接纳自己的经历，就可以将痛苦转化为推动你前进的动力，而不是拉着你往下沉的锚。我倒希望说是癌症改变了我，但事实上，等我真正明白这一点，已经是几年之后的事了，那时，我正在办理离婚。

在那之前，我认为我可以凭决心迈向成功，但离婚是我隐藏不了的事情，我明确感觉到它是我成年生活中最大的失败。一个人离婚后可能会遭遇真正的人际疏离。许多所谓的朋友会抛弃你，人们会以不同的眼光看待你，你的私人生活会成为别人讨论的话题——这在以前是从未发生过的。在我的内心深处，我认为我是一个总是能用思考或行动摆脱任何困境的人，但这一次我却无能为力。

将自我价值建立在成功的基础上，就会遇到一个问题：当坏事发生时，你的身份认同感会崩塌。我小时候的绰号叫"天才小医生"（Doogie Howser）——来自尼尔·帕特里克·哈里斯（Neil Patrick Harris）在 20 世纪 90 年代初演的一个电视剧，剧中他 14 岁就成了一名医生。我没有意识到的是，我的自尊心来自我取得了超越自己年龄段的成就。然后，在我 30 多岁时，我正在离婚——这绝不是我愿意达成的成就。

很长一段时间内，我感到自己毫无价值，就像深深陷入了一个无法爬出的黑暗深渊。然而有一天晚上，我终于醒悟了。那天，我感到非常沮丧和绝望，独自一人待在酒店房间里，三天没有合眼，我盯着手机，泪水从我的脸颊滑落。那晚我躺在床上，恳求我的大脑让我睡一会，突然间，我在脑海中听到了一个不容置疑却慰藉人心的声音："马特，你没事的。"我并不相信世上有鬼，但那确实是我离"神灵"最近的时刻。

它对我说的话就像无可置疑的真理。我用第三人称对自己重复着那些话，然后意识到，我们生来就是完整的，从蹒跚学步到呼出生命中最后一口气，我们都有能力靠自己的双脚站立起来。我很好，你也会很好的。

我意识到了自己在工作中变得多么糟糕。我做出了错误的决策。我沉浸在自己的恐惧之中，害怕被人发现我也只是一个普通人而已，我无暇顾及别人和考虑他们的需求。我向整个球队传达了这样一个信号：隐藏你的问题，忍受它们，不管你有什么感觉，都给我坚强起来。

制造这种工作氛围的领导无法获得员工的忠诚。他们最终会面临更高的员工离职率，却无法解决组织的危机。被他们压抑的员工会隐瞒自己的困难并做出错误的决策。在离婚之前，我在潜意识里会评判每一个承认自己个人问题的人。我已经克服了自己的童年问题（至少我是这么以为的），我认为其他人也应该克服他们的问题。我以为他们只是承压能力较弱，内心不够强大，不能保护自己。

这些都是谬误。离婚考验了我的承压能力，而我最终还是崩溃了。但它也让我明白了如何去更好地支持他人，如何营造一个敢做自己、可以毫无羞耻和尴尬地承认自己遇到了困难的工作环境。我们需要给予人们足够的心理空间，让他们变得明智起来。

我所说的这些究竟是什么意思呢？工作的时间占了我们

清醒时间的 70%。如果你在职场上有喘息的机会，你的治愈过程将会加速，你可以更快地恢复到正常状态。我们需要被看见，我们需要别人的关心，我们需要同理心——即便在工作中，或者说尤其是在工作中，我们更需要它们。如果你能给予别人同理心，人们将为你冲锋陷阵。

我想要强调的是，在工作中培养同理心与人们所说的"保持工作和生活的平衡"不是一码事。我认为，寻求理想的工作和生活的平衡是一种谎言。成功人士总是会在付出艰辛努力之后休息一段时间，然后又投身到新的努力之中。只有付出非凡的努力才能收获了不起的成就。我们必须要有目的性地进行选择，将那些对我们重要的东西摆在最优先的位置。我的孩子们住在新泽西，多年来我一直往返于迈阿密和新泽西之间，为的就是不错过每一个和他们见面的时刻。但如果你认为你可以两者兼得——在事业上大获成功且拥有稳定的、绝不会侵占你私人时间的、每周 40 小时的工作——这是不可能的，这不是世界运转的方式。这也展示了为什么追求你所看重的事情是那么重要。它让你在工作中愿意付出必要的努力。

◉ ◉ ◉

我们中的许多人过着一种"好像我们不会死"的生活，

忽视了死亡是不可避免的，而我们需要与这一事实和解。最终，这将成为我们战胜批评者的方法：我们意识到生命只有一次，它终将结束，重要的是我们在这段时间里做过什么。无论我们在面对恐惧时多么胆怯，或是沉浸在过去的创伤中多么无法自拔，都没有人会为此奖励我们。

我手机上有一款应用程序，它每天会提醒我五次我将死去。这款应用的灵感来自不丹的古老智慧，它本身是很有意义的，因为研究显示，世界上最幸福的一群人就生活在不丹这个小小的王国之中。在不丹的文化中，定期思考生命的终结是生活中必不可少的环节。对死亡的持续性思考可能会带来和你想象中完全不一样的结果。思考死亡不是在制造对于未知的焦虑，而是在提醒我们，我们的压力是暂时的，我们的日子是宝贵的。大多数事物并不重要，豪车、金钱和名望都不重要。这些东西你都可以丢掉，从而让你变得更加机敏、更加无畏，让你做好准备向前跳跃。当下是我们在生活中唯一能得到保证的承诺。

"我们每天都在死去一点点。"有人曾这样说，"正是死亡让生命保持活力！"

正是这种对死亡的认识与和解帮助我们鼓起勇气过上更丰富的生活、追逐更宏大的梦想。我们不能浪费自己这仅有一次的生命。

第三章
迈出那一步

想象一下，你身处悬崖峭壁之间，已经做好准备要迈出改变未来的重大一步，但一些事情依然阻碍着你前进。我已经像这样"跳"过很多次了，虽然每次依旧胆战心惊。我知道事情的发展并不总是一帆风顺的，直觉也并不总是管用的，但我明白，如果站着不动，或者更糟糕的是，当你三心二意地迈开脚步时，更不会收获好的结果。我们都有不按直觉行事的想法，但成功的秘诀在于忽略这一想法。本章将讨论那些阻碍你前进的想法，并告诉你如何战胜它们。

"那太冒险了。"

杰西·德里斯（Jesse Derris）是我曾合作过的最优秀的公关专业人士。面对年纪比他大一倍的高管和政客，他能直言不讳地说出事实，像他这样的天才很少。我第一次和杰西的公司打交道，是委托他们处理纽约喷气机队的问题。那时杰西 26 岁，是一名年轻的公关人员，就职于肯·森夏恩（Ken Sunshine）经营的老牌公关公司，肯·森夏恩是公关领域的传奇人物，也是纽约政界和媒体界的常青树。我观察到杰西身上有一种令人难以置信的特质：他能够预测别人的行为，尽管他的方式会让人感到有点不舒服；他会挑战我们的固有认知——通常我们认为人的思想应该是自由而难以把握的。

对杰西来说，世上的一切都在按照预先规定的剧本演绎着，而他早已将这一剧本熟记。我甚至可以说他会施展“魔法”，因为他准确识别人们行为模式的能力几乎达到了神奇的程度。尽管杰西似乎能看到每个人的未来，但他却对自己的命运感到恐惧。

杰西从未想过自己会成为创业者，他一开始只想找个传统的职业。事实上，在肯·森夏恩的公司工作几年后，他就晋升为公司合伙人，他的名字也被考虑加到公司名录上。毫无疑问，他成功了。但问题是，虽然已经达到了那个高度，但他的命运仍然将与公司的一把手紧密相连。公司的兴衰很大程度上取决于肯的成功或失败，而杰西无力掌控，在接下来的职业生涯中，他不得不面对作为合伙人带来的各种各样的问题。我知道杰西命中注定要经营他自己的公司。如果做不到这一点，就意味着对他才能的浪费。

我邀请杰西一同散步，并向他提出了一个建议。对于未来，我向他描绘了两个愿景：

"首先，你可以留在公司，一直辛勤工作到 40 岁，如果到时候你的名字还没出现在公司名录上，你只能祈求自己还有勇气迈开步子继续向前。当然，到时候会有各种各样的理由阻止你前进，比如要养活孩子，比如要给孩子存钱上大学。如果你无法鼓起勇气迈出这一步，你的余生将一直受困于这样一个问题——如果在那次散步之后我做了不同的选择，会怎么样？

"另一个选择是辞职。收拾好你的东西。明天，我们将会把 200 万美元打到你的银行账户里，下周，一家名叫德里斯的公司将诞生在 RSE 的办公室里。如果失败了，我们就一起去喝杯啤酒，知道我们已经尽力了。"

那个下午，我绕着曼哈顿的麦迪逊广场公园转了一圈又一圈，路上还吃了好几个汉堡。我十分肯定 RSE 投的 200 万美元绝不会打水漂。我确信杰西创办的公司将成为纽约最好的几个公关公司之一，它能为优秀人才提供大量优质的工作，他的经济状况也将得到保障。

杰西虽然依旧感到害怕，但他有信心迈出这一步，因为他当时的女友乔达娜（这个名字可能听起来很熟悉——就是那个创办了女性护理公司 LOLA 的乔达娜）让他相信这是个正确的选择。商业伙伴固然非常重要，而家庭伴侣也很重要，杰西的例子很好地说明了这一点。杰西的直觉、他的导师，现在还有他的合伙人，都告诉他这条路是正确的。杰西知道，即使这次冒险失败了，那些现在相信他的人也仍然会相信他。他总可以再去找一份"普通"的工作。

最后，他迈出第一步时是否犹豫不决已经不重要了，重要的是他迈出了那一步。（杰西的事业做得很好，至于那 200 万美元，他第二年就不再需要了。）

从杰西的经历中，我们可以得到两个教训。第一个教训是，有时候人们会比你更容易看到你身上的优点。他们会比你更清楚地看见你的优势，因为他们不会受困于你的烦恼。相反，他们通过经验看到了你前进的道路。那些职业生涯走得长远的人都经历过这些，他们知道这条路的样子。不要忽视那些能看到你未来的人，即使那个未来的自己超过了你现在的预期，你应该做的也是问问自己：我是否把目标定得太低了？

第二个教训是，看似更冒险的道路往往更安全。事实上，你认为安全的道路反而充满了更多的不确定性。杰西把自己的命运寄托在了他人——也就是公司合伙人身上。当然，也许这样做行得通。也许一切顺利、结局完美，杰西会带领公司获得持久的成功。但在橄榄球界，我见过的是，有人即使已经身为最高级别的高管，也会因为与同事不和而最终被迫离开。不幸的是，如果你是一名随时解聘制员工，你必须假定忠诚只是单向的——对杰西来说，情况就是如此。

也许是合伙人年龄渐长，无法再跟上瞬息万变的媒体格局，拖累了杰西前进的脚步。有些人在临近退休时会变得骄傲自满，业务也在萎缩。即使是一条"安全"的道路也充满了失败的可能性。杰西有太多事无法自己做主。这就是我在散步时想对他阐明的内容。

每当别人的行动左右了你的成功时，风险就存在了。你应该尽最大可能地掌握自己的命运，有足够强的能力去规划自己的未来。最稳妥的赌注往往是把宝押在自己身上。这样的你将拥有最高的胜算，因为你知道自己行动的原因。这种内部信息如金子般珍贵。

七年时间很快就过去了，如果杰西依然留在原来的工作岗位上，他可能会发展得很好。但这不再重要了，因为他已经迈出了那一步。杰西成了 RSE 的合伙人，我们一起创立了一家世界一流的公关公司，公司拥有 80 名员工，是直接面向消费者领域的头号机构，持有超过百家全美顶级品牌的股权。杰西选择相信自己的能力和导师们的建议，他也由此获得了作为上班族永远不可能得到的财富和自由。我们一起见证了杰西的 15 位客户成长为独角兽公司——成了价值超过十亿的初创公司，这真可谓是个传奇。正如我认为的那样，杰西很有预见性，同时也超乎我想象地擅长管理和领导员工。这个传奇故事的结局是，2022 年夏天，公关巨头 BerlinRosen（柏林罗森）公司收购了杰西的公司。成长于长岛塞奥西特（Syosset）中产阶级家庭的杰西，现在是一个白手起家的百万富翁，而这一切之所以会发生，是因为他答应了和我一起去那个公园散步，并勇敢地迈出了那一步。

当然，没有人能保证成功一定会来。杰西的成功故事很大一部分取决于他自己和他罕见的才能。有了 RSE 的支持，我有能力让杰西去创立并掌管他的公司。但重点是，即使没有我和 RSE 的资金，杰西也将成为一颗闪耀的明星，因为他有勇气战胜自己的恐惧。在内心深处，你一定也有这样的勇气。

● ● ●

我们都幻想着完美时刻最终来临的那一天——我们会变得更加资深，或在经济上变得更有保障。我们自欺欺人地认为，随着经验的积累和人生阅历的增加，我们将能承担更多的风险。但事实上，今天的你比任何时候的你都更适合去赌一把。我们对风险的承受能力并不会随着年龄的增长而增加。你肩上的责任会越来越重，资历的提升会让你更难舍弃企业成功所带来的各种好处，启动一项新事业也会变得非常困难，因为你已经习惯了去依赖你手下的大批员工。

有一个办法可以尽量减少这些问题。你可以将自己的需求缩减一些，把"想要"和"需要"区分开。但归根结底，让别人掌控自己的命运会让你陷入危机之中。你认为追求自己疯狂的梦想太冒险了吗？ 真正的答案是，不去追求才更冒险。

下一个阻碍你前进的想法是下面这句话。

"这违背了常识。"

当然，"烧掉你的船"只是一个隐喻，但是我的朋友埃米特·夏因（Emmett Shine）放弃了自己极其成功的业务，其做法却值得大书特书。埃米特和他的合伙人尼克·林（Nick Ling）和苏茜·道林（Suze Dowling）是 Gin Lane 公司背后的掌舵者，Gin Lane 是一家强大的营销公司，帮助推出和发展了一大批巨头公司，例如 Harry's、Sweetgreen、Smile Direct Club、Hims、Quip、沃比帕克（Warby Parker）、Bonobos、埃韦兰斯（Everlane）等。每个有潜力的硅谷消费型初创公司都争相邀请埃米特接手他们的业务。尽管公司取得了巨大的成功，埃米特赚了很多钱，但随着时间的推移，他认为营销别人的品牌并不是他的使命。他所做的工作让他感到有些空虚，而他渴望从事更有意义的工作。

"我们攀登了这座山峰，"埃米特告诉我，"我们获得了巨大的成就感，建立了一个受人尊敬、顾客满意且独立的创意机构，但我们想要迎接下一个挑战。我们感觉十年的努力已经开花结果了，我们想要给它画一个圆满的句号，然后开始做点其他事情。"

埃米特、尼克和苏茜彻底烧掉了他们的船：他们将整个业务调整到了新的方向。他们不再用自己掌握的娴熟营销公式来推广品牌，并将品牌创始人推上亿万富翁的宝座，而是用这些技能去追寻一些他们真正关心的事情，并与他们以前的客户一起建立新的公司。

他们放弃了市场营销业务，决定创建自己的品牌。他们将在 Gin Lane 学到的技能用于孵化和运营公司。"我们厌倦了告诉别人该怎么经营业务，"埃米特继续说道，"我们想要创造和运营自己的品牌，拥有从头到尾的完整商业之旅。"

他们与团队决定创建一家名叫 Pattern 的公司。公司拥有多个家居用品领域的品牌，致力于帮助人们应对世界的压力。"我和我的合伙人感觉周围的人都过于关注工作和社交媒体，而我们则渴望在家中的时光。Pattern 想让日常生活充满仪式感，让人们在烹饪和整理中找到乐趣。"

他们的第一个品牌是厨具品牌 Equal Parts，旨在帮助人们体会在厨房中做饭的乐趣，找到生活的平衡。然后他们推出了家居收纳品牌 Open Spaces，接着收购了厨房配件品牌 GIR，该品牌生产刮刀和其他厨房用具，此外还有家居品牌 Letterfolk，该品牌致力于提供有创意且现代的家具装饰，帮助人们定制他们的私人空间。

如果要把这个故事介绍给好莱坞，我一定会强调，Pattern 在成立仅仅 12 个月后，市值就达到了数千万美元，这是作为一家代理商机构的 Gin Lane 远远达不到的。而且，更重要的是，这是埃米特和他的团队一直想做的事情。他们"烧掉"了曾带给他们成功的东西，用自己的所学来追逐下一个梦想，由此踏上了一个更为大胆的旅程。

现实情况总是更加复杂的。建立 Pattern 公司并不像埃米特、尼克和苏茜预期中那样容易。要从零开始建立一个品牌是很困难的。尽管他们在 Gin Lane 工作时推出过无数品牌，每次也都扮演了关键的角色，但他们意识到自己并不擅长做所有的事情。开发一流的产品和处理供应链问题都很复杂。他们意识到，在某种程度上，他们更擅长接手现有品牌并挖掘其潜在价值，而非从零开始自创品牌。于是，带着对自身局限性的认识和敢于承认自身缺点的自信，他们很快迭代了最初的计划，最终筹集了 600 万美元（来自 RSE 等机构），收购了一些销售额在 200 万美元至 1000 万美元之间的新生品牌，比如 GIR 和 Letterfolk，然后利用他们经过长时间考验的品牌、市场营销和运营的独门秘籍推动这些公司成长。

"在我们最初的设想中，有些是正确的，有些是错误的，"埃米特说，"供应链和信贷额度对我们来说是新问题，但我们也学会了。现在的经营模式与我们在 2019 年构想的模式不太一样，但我们为此感到自豪。我们不是在逆浪而行，而是在倾听风声，顺势而为。"

当他们和 Gin Lane 说再见时，同事们公开赞扬他们大胆的决定，但私下里却非常困惑。为什么要破坏一桩好端端的事业呢？其实，破坏它是为了投身到更好的事业中去。常识只会让你止步不前，烧掉你的船，你才能抵达另一个高度。

⊙ ⊙ ⊙

为了追求更高的目标而放弃已经成功的事业，在这方面，埃米特、尼克和苏茜并非个例。韩国企业家金范锡是电商平台酷胖（Coupang）的创始人，当时他正准备将公司上市，公司的营收已经超过了十亿美元。"就在最后一刻，在我们准备去印刷厂的前一个周末。"金范锡在美国消费者新闻与商业频道的"Make It"节目上袒露心声，他决定取消上市，认为他成功建立的这个第三方电商市场可以变得更好。

金范锡改变了整个商业模式，把酷胖变成了一个端对端的购物平台，同时融合了快递服务，为消费者提供了选择，他们不用再忍受不太可靠的韩国邮政业务。便利性成了第一原则，顾客即使深夜下单，第二天一大早也能收到包裹，同时，如果需要退货，只需要把包裹放在门口等待收件。酷胖被誉为"亚洲的亚马逊"，而关于这一转型成功的最好证明就是酷胖进入了最新的《财富》世界 500 强名单。金范锡表示："我们的使命就是创造一个让消费者好奇，'没有酷胖我该怎么活'的世界。"

对金范锡来说，"烧掉你的船"并不新鲜。酷胖之前已经转变过一次商业模式，之前它是一个类似于高朋（Groupon）的团购网站。更厉害的是，金范锡在生活中也敢于破釜沉舟：他在哈佛商学院仅就读了六个月就退学了，认为靠自己能更快地取得成功。我喜欢在哈佛商学院任教，但金范锡的决定对他来说绝对是正确的。

"我已经投入了这么多时间／精力／金钱。"

我们都会纠结于这个问题，这是人类的本性。我花了四年时间努力读完了福德汉姆大学法学院的夜校，理所当然地认为自己应该成为一名律师。在"9·11"事件发生后的几周里，我设法保持冷静，处理着纽约市对于这一危机的反应，还要分一部分心思完成法学院的学业，更不用说我依然在哀悼着离世的母亲。为了找到下一年秋天入职的工作，我去好几家律师事务所参加了面试。我最终得到了世达国际律师事务所的一个职位，世达国际律师事务所是世界上规模最大的律师事务所之一，或许也是最有声望的律师事务所之一。我已经做好准备去接受这个职位了。我签了合同，拿了签约金，一切都准备妥当。

但到了春天，情况发生了改变，我离开了市长办公室，转去帮助领导曼哈顿下城区的重建工作。很长时间以来，我都坚信自己的救赎之路就是成为一名律师。但随着阅历的增加，我终于明白，成为世达国际律师事务所这样的律所的合伙人之路是多么漫长又不切实际。大多数律师助理都不会成长为合伙人，即使偶有成功之人，其晋升速度也不快。你要和一起入职的同事步调一致地前进。律所告诉我，如果你想成为合伙人，需要花费 11 年的时间，如果你非常优秀，也要花费八到九年的时间。"怎样才能变得非常优秀？"我问道。他们告诉我，方法就是要比其他人工作更长的时间。我要兢兢业业地记下自己的工时，就像在麦当劳工作时那样，多年来我一直在为自己的未来努力，结果又回到了用时间来评判自身价值的状态。我可能会花时间待在某个地下室里，打开一个个旧文件盒，拿着一支黄色荧光笔，弯着腰逐行检查文件，还美其名曰是在进行"调查"——这对我来说，就像身处炼狱。

我很幸运地得到了世达国际律师事务所的职位，但我意识到，在那里工作并不会让我加速向上发展，而从 16 岁起，我的人生就在加速向上。当然，还有对名声和趋避风险的考量，以及最重要的——沉没成本的投入——也就是我为了拿到法学学位所投入的时间、精力和金钱，这一切都让我很难放弃在世达国际律师事务所得到的职位。我不知道，当"9·11"事件纪念馆建好之后，曼哈顿下城开发公司接下来将会做什么。但我知道，正确的决定绝不是接受降薪，成为一名初级律师事务所助理。

我最终把签约金退给了世达国际律师事务所。直到今天我都没有参加律师资格考试。不是因为我通不过考试，也不是因为我不希望自己有朝一日成为一名律师，而是因为我知道，如果我参加了这个考试，给自己的律师梦留下了哪怕一丁点希望，我都很难去抗拒它。要做出一个职业选择太容易了，但我担心我会后悔自己的选择。因此，我烧掉了自己的船。

⊙ ⊙ ⊙

从我的经历中可以得出两个教训：第一个教训是，你实际上可以尝试不同的选择，然后去体验它们。我认为生活就像我小时候喜欢读的那种冒险故事一样，你可以自主选择自己想要尝试的冒险。能改变故事的结局是多么有成就感的事！

不要让压力或惯例束缚你，去体验不同的生活吧！ 当你真正面临选择时，你才更容易知晓自己对这个选择的感受。我之前确实想要成为一名律师，但后来，随着去世达国际律师事务所的日子提上议程，考虑到我将为此放弃的一切，我最终退出了。

第二个教训是关于沉没成本的。我们很难接受这个概念。我们不喜欢自己浪费了金钱、时间或精力的感觉。我们往往认为，因为买了一张不能退的票，所以无论当晚我们多么想待在家里，我们都必须去听音乐会。为什么要这样？ 因为我们已经花了那笔钱。可是，我们现在所做的应该是对自己的未来最有利的事，而不是为过去已经发生的事辩护。

在商业领域，这种情况常常发生。我在魔法勺子（Magic Spoon）公司的朋友花了五年时间销售蟋蟀粉。他们深入研究昆虫蛋白，坚信蟋蟀零食将会大获成功。他们把大量的资金、时间和精力投入其中。他们本可以坚持下去，想要坚守自己最初的信念，不做调整，直到难以为继为止。但有一天，他们有了一个更好的主意——为新生一代打造高蛋白的早餐谷物食品，并且不含蟋蟀成分。他们立刻投入其中，研发了一款美味的产品。变换赛道的最佳时刻往往不是在所有希望都消失的时刻，而是更早。一旦你看到了更好的机会，就应该马上变换赛道。每当你因为已经投入的精力（和金钱）而踌躇不前时，想一想维持现状所付出的机会成本。沉没成本让人感到疲惫，只有抓住新机会才能让你摆脱困境。过去的就让它过去吧，你无法改变它。就让沉没成本沉没吧。

"我必须继续做我最擅长的事。"

2014 年，陈安妮在中国推出了一个漫画连载作品——《对不起，我只过 1% 的生活》，讲述了中国城市青年的奋斗和抱负。陈安妮本可以继续当内容创作者，但她有更大的目标，她创立了快看漫画——一个为漫画家及其粉丝创建的在线内容平台，并将其发展成了拥有一亿日活用户的平台，其融资超过了 2.4 亿美元。陈安妮告诉世界银行："我选择这样的生活，是因为我想创作出一些东西。"现在，陈安妮甚至计划为网站的粉丝创作由人工智能生成的中国风漫画。陈安妮本可以继续只当个艺术家，但她怀揣着更远大的梦想，成了一名真正的企业家。"有时候你会遭到质疑，"陈安妮说道，"年轻女性能像男性一样能干吗？我想，唯一的证明方法就是展示给他们看，并坚持下去。"

另一个敢于迈出那一步的创作者是萨拉·库珀（Sarah Cooper）。如果你不熟悉这个名字，你可能至少在网上看过她的视频。萨拉在科技行业工作了 15 年，曾先后在雅虎和谷歌担任视觉设计师，她帮助设计过谷歌文档这个每天有数百万人使用的产品。然而，萨拉的梦想是成为一名喜剧作家和喜剧演员。她开始在网上写博客文章讽刺科技行业，其中有几篇文章走红了，她后来甚至还出版了一本书。但是，真正让萨拉走红的，是她对口型模仿美国时任总统唐纳德·特朗普（Donald Trump）在新闻发布会上的发言。她将短视频发布在视频网站上后一炮而红，她参演了奈飞的特别节目，还作为特约主持人代替吉米·坎摩尔（Jimmy Kimmel）主持节目。最近关于萨拉的文章都没有提及她曾在硅谷工作过数年，也没有介绍她经营多年的讽刺科技行业的喜剧演员身份，她只是一个因模仿唐纳德·特朗普而走红的人。

如果萨拉·库珀止步于自己的赛道，只做一名从美国企业界汲取养分的喜剧演员，她将永远不会取得突破。如果萨拉担心浪费她的技术才能，她从一开始就不会离开谷歌。

"离开谷歌真的很难，"萨拉说道，"我花了六个月的时间反复考虑，'我该离开吗？ 我不太确定……'我所担心的是，没有什么工作比在谷歌更好。

"这有一点讽刺，我感觉我放弃了自己的梦想。很多人梦想来谷歌工作，而我的备选职业却是他们心中的理想职业。"（我对我在纽约喷气机队的工作抱有相同的感觉。）

萨拉有勇气离开并尝试全新的事物。她的尝试获得了回报，但即使没有成功——我们自己在冒险时也常常会忘记这件事——我们也不会失去已经获得的技能，哪怕我们现在并不清楚以后该怎么用上这些技能。我可以想象到萨拉·库珀有一天会主演她自己的热门电视剧，将她对掌权者的精准嘲讽和被她抛诸身后的科技行业的讽刺结合起来。那时，即使我们只能在事后才看清楚，她的旅程也确实是完美无缺的。

◉ ◉ ◉

才能不会消失。在进入市长办公室之前，我在读书时担任过记者，如今我每天都在使用这一项旧技能：向创业者提问，深入挖掘他们的本质，挖掘他们在幻灯片背后试图打动我的东西。我监督着几十名律师的工作，在法学院读书的经历让我更能理解他们的工作，让我有能力保护自己和自己的公司，并为每个交易点据理力争。作为一名记者，我学会了模式识别，这对我日常的工作非常有用；作为一名政治活动家，我学会了如何在残酷的环境中生存、如何在政府法规中航行，以及如何在权力的殿堂中展开游说以争取支持。

无论我的职业生涯走到了哪里，我所做的一切都赋予了我新的能力，为我增添了新的价值。永远不要因为担心你的技能会被浪费而止步不前。从长远来看，你掌握的所有技能和经验都会使你变得更加高效。

"可是没有其他人看到这个机会——我首先需要得到一些支持。"

这一点让我痛心疾首，我恨不得站在屋顶振臂高呼：机会只有在别人看见之前才是机会。等别人看见之后，你将失去先发优势，得不到多少收益。如果你要等别人都认可了你的愿景之后再行动，那就太迟了。

魔法勺子的创始人听从了直觉的声音，将业务从研制蟋蟀食品转向谷物类食品，而如果他们听从了专家的话，就永远不会这样做。人们通常认为谷物类食品是一个已经"死掉"的品类，没有创意、评价负面、增长缓慢，就像食品杂货店里那些已经过时的甜食一样。但他们看到了一个机会，可以将他们在研制蟋蟀食品时学到的东西应用到全新的产品中。

如果他们将人们对童年谷物类食品的怀旧情感［如"幸运符"（Lucky Charms）和糖霜麦片］与当前的健康趋势和转向生酮饮食的潮流结合起来，结果会怎样呢？

通常，以健康为卖点的谷物产品看起来都缺乏吸引力。如果可以把它变得很有趣呢？他们带着一个无懈可击的产品方案来到我的办公室，我觉得这个方案很新颖、与众不同，正好可以给谷物产品市场带来惊喜。我为他们写下了第一张支票，仅仅过了几年，他们公司的市值就达到了可观的九位数。2022 年 6 月，他们完成了一轮 8500 万美元的融资，由亚马逊创始人杰夫·贝索斯的兄弟马克·贝索斯（Mark Bezos）共同创办的公司领投。当他们看到这个机会时，还有别人看到了吗？绝对没有。难道这意味着他们不该去抓住这个机会吗？当然不是。

如果你要等到机会变得明显、风险降得很低之后才出手，你将永远无法从中获利。我认为这就像闪电和雷声的区别。光的传播速度比声音快得多。我们在看见闪电后，要等好长一段时间才能听见隆隆的雷声。大多数人在看见闪电后并不会行动，他们要等到雷声响起、确认无误后再行动。

然而，跟随大众的脚步并不能让你实现信息套利，除非你能独自启航。走别人走过的路很容易，从零开始、从无到有，创造一个从来没有过的市场才真的难。那才是能真正实现突破性成功的地方。让我们在看见闪电时就开始行动吧。

但是，你可能会问：要怎么训练自己，才能先于别人发现这些大的机会呢？ 首先，要投身到你已经有所了解的领域中去，训练你的模式识别能力。你需要拥有对特定领域的洞察力。你不需要依靠一款独特的产品来创办企业，只需要一个独属于你的、独特且可落地的想法。在你想要了解的领域内画一个圈，阅读你能找到的一切资料，寻找那些从未被质疑的做法。什么是常规？ 你该如何去颠覆它？

来自法国的乔·巴扬（Joe Bayen）在美国成了一名杰出的黑人企业家。他发现，那些被剥夺了权力的人——包括穷人、移民等群体——在提高自己的信用分数方面遇到了很多困难，最终导致他们陷入无法摆脱的贫困循环。首先，乔创办了一家名叫 Lenny Credit 的信贷公司，通过电话向学生和千禧一代提供 100 到 500 美元之间的小额贷款，帮助他们建立自己的信用记录，但该公司难以找到愿意借贷的银行进行合作，最终耗光了资金。尽管如此，乔并没有灰心，他抱着相同的想法，但采取了不同的方式，创立了信贷公司 Grow Credit。该公司与万事达卡合作，专门提供贷款帮助人们支付多种网络平台每个月的会员订阅费，这样，人们就可以通过这些更小的贷款来提高自己的信用分数。乔没有独一无二的发明，也没有任何知识产权，只有坚信自己在追求伟大事业的信念和勇敢前行的勇气。

"当时真是千钧一发，"乔告诉我，"我把我最后的十万美元投了进去——用的还是信用卡！几周之后，万事达卡加入了我们，然后又有三家银行加入了进来，我们最终从十几个投资人那里筹集到了 1.06 亿美元。"我就是其中一位投资人，我十分相信乔的愿景。"这很不容易，"乔说道，"但当你怀着一颗无私的心，去做一件比你自己的银行账户更重要的事，努力为这个世界带来美好时，你会发现坚持不懈、永不放弃成了一件很容易做到的事情。"

乔和魔法勺子的创始人没有等待别人去验证他们的想法，事实上，他们相信自己的直觉，即使遭遇了"失败"，也没有放弃继续前进。如果你有一个好点子，不要管那些唱衰者怎么说，大胆地去实现它吧！

● ● ●

米歇尔·科代罗·格兰特（Michelle Cordeiro Grant）的故事向我们展示了拥有对特定领域的洞察力能够带来具有变革性的力量。米歇尔曾在维多利亚的秘密（Victoria's Secret）公司工作，她认为公司的营销方式未能完全满足女性的需求。维多利亚的秘密旨在让女性变得性感而有魅力。但那些希望感觉自己强大而有能力，想要为自己着装而非仅仅为了迎合伴侣的女性想要什么呢？

米歇尔知道很多女性对于购买内衣的体验不太满意。她们并不享受这一过程，但又必须在某个地方购买这些东西。米歇尔洞察到了这一点，意识到目前的内衣品牌并没有与女性建立联结，而这就是她要带来创造性变革的地方。米歇尔创建了 Lively，一个由社群和社交分享驱动的数字内衣公司。米歇尔首先对品牌的每个方面进行了焦点小组讨论，以找到女性的需求和联系点。"我们意识到人们不想说'内裤'或'内衣裤'，"米歇尔给我举了一个例子，"'内衣'听起来更加舒服和普适。"

米歇尔的做法看起来并不明智。"人们问我为什么要投资社群，"米歇尔说，"他们说那里没有投资回报率。但我知道，我们必须与其他品牌有所不同，而这个社群就是我们的差异点。"

当米歇尔的电子邮件列表开始在网上疯狂扩大时，她知道自己创办了一个成功的品牌。在确定公司的产品和理念时，米歇尔的邮件名单上最初只有 500 人，她请求每一位收到邮件的人把品牌推荐给自己的朋友。仅仅过了 48 小时，名单上的人数从 500 暴增到 13 万，这导致他们的服务器崩溃了。米歇尔并没有设计出独特的新产品，也没有尝试发明一个全新的品类。在面对每个女性都需要购买的东西时，她洞察到的仅仅是人和人们的感受。几年后，米歇尔将 Lively 打造成了一家极为成功的公司，据说该公司以一亿美元的价格卖给了日本服装公司华歌尔（Wacoal）。

◉ ◉ ◉

我的朋友马克·洛尔（Mark Lore）曾多次创业，他创立的 Diapers 和 Jet 电商网站分别以 5.45 和 33 亿美元的价格被亚马逊和沃尔玛收购，这使他成了一个传奇人物。Diapers 网站的建立离不开马克的洞察力，他注意到网上销售的尿布价格非常不合理——主要是运输费用太高导致的。他洞察到这一情况的方法人人都会用："我就坐在电脑前，随机搜索各种关键词，看看这些关键词的搜索量有多少。"马克回忆道，"那时我刚有了自己的孩子，碰巧搜到了'尿布'这个关键词，发现它每个月都要被搜索十万多次。那时没有人真正在线上销售尿布，即便是亚马逊也没有。我想，尿布又大又重，人们不喜欢去商店买它们，如果我们能以低价、隔夜送货的方式让父母们购买尿布，就能吸引他们，让他们在我们这里买其他东西。"

马克将尿布作为引流产品亏本销售，通过其他婴儿用品，如衣物、婴儿车、奶瓶等产品来弥补利润。起初，马克接到订单后就会去附近的大型仓储式超市购买尿布（买的价格比他卖的要高），然后送货上门。马克在尿布生意上亏了很多钱，但在其他方面的收益弥补了这个亏损。最终，亚马逊收购了这项业务。

"我知道很多想要创业的人说自己找不到一个好点子，"马克告诉我，"但我认为，这和有没有好点子无关，我真的是这样认为的。我见识过糟糕的点子获得了成功，而好的点子却失败了。关键在于有没有执行力、决心、动力和韧性。你只需要对已经生效的东西进行一点儿改进，这就足够了。"

无论我们是否意识到了它，事实都是，面对流转的世界，我们每天都会接触到无数的信息和数据。我们解读这些数据的方式定义了我们的独特性，我们的天赋就在于自己能看见别人看不见的东西。洞察力会把我们引到最值得奔赴的领域，如果你现在不去追寻它，别人很快就会去追寻它。不要自欺欺人：推迟梦想就是在放弃梦想。如果你对某一领域有独特的洞察力，你应该明白，这份洞察力不会一直只属于你。

"我想去做，但我无法承担全力以赴的后果。"

研究已经证明，只迈出半步——试探一下，但留有退路——会阻碍我们前进。几年前，宾夕法尼亚大学沃顿商学院的研究人员做了一个实验，给两组测试者安排了相同的任务和完成计划。其中一组被告知，他们要想出别的完成计划，也就是要想出备用计划。实验证明，有备用计划的组不仅表现差于没有备用计划的组，而且实际上已经完全失去了取得成功的动力。他们对胜利已经不那么在意了。

有备用计划能让你感到更安全，能帮助你应对不确定性，但同时也降低了你实现主要目标的可能性。仅仅是思考备用计划就会启动一个反馈循环，它会大大降低实现初始计划的概率。你会将太多的情感能量放在备用计划上，而不是去追求成功。

阿诺德·施瓦辛格（Arnold Schwarzenegger）曾做过一次演讲，它现在是网上的大热视频，有数百万的观看量，演讲题目是《我讨厌备用计划》。

"备用计划变成了一个安全网，"施瓦辛格解释道，"它意味着如果我失败了……还有别的东西能为我兜底，这是不好的。因为当没有安全网时，人们表现得更好。"

这就是我所说的"烧掉你的船"的意思。你不能把你的精力浪费在寻找退路或备用计划上。你的所有精力都需要放在你的目标上，否则你将永远无法实现它。在关键时刻，你应该思考的问题是"下一步该怎么做？"而不是"如果那样做会怎么样？"因为后者会破坏你的梦想。

　　如果你是一个担心自己不会成功的人，相信我，你已经失败了。

⊙ ⊙ ⊙

　　我在纽约喷气机队待了八年，然后离开了。这是一份没有人会想要辞职的工作——我的一些同事已经在球队工作了十几年，而且我也很快升到了球队的高层。我已经建立起了自己的职业生涯。但是，有些事情让我夜不能寐。我环顾四周，看见那些已经在球队工作了 30 年的人，他们依然热爱着在这里的每一分每一秒，但我不是这样的。和萨拉·库珀一样，我的工作是很多人的梦想，但这并不意味着它是我的梦想。

　　我开始幻想我还能做些什么。这本书中的其他内容你都可以忘记，但你要记住这一点：我们需要认真对待自己的幻想。当你的大脑正在告诉你某件事情时，请不要忽视它。对我来说，幻想与被浪费的潜力有关。不是我自己被浪费的潜力，至少不全是，而是纽约喷气机队的潜力在很大程度上被浪费了。像纽约喷气机队这样著名的品牌，随手一拾就是一个机会。我们有机会投资并成为几乎所有重大消费创新产品的早期使用者，但是，橄榄球队意味着一门成熟、稳定且利润丰厚的生意。在保护品牌的名义下，或者按照美国国家橄榄球联盟的说法——"保卫盾牌"[1]，有太多的惰性阻止你去做那些事。

我总觉得创新太难得了。在创新这方面，体育联盟和球队通常是落后的，它们从来没有走在过前列。因为接受未经验证但有前景的技术的门槛很高。考虑到联盟的安全性问题，也许他们这样做是明智的。但对我来说，这一切都变得不再有趣了。

相反，我有一个愿景，我希望围绕着喷气机队这样的球队建立一个由公司和投资组成的网络。想象一下，利用数量庞大的粉丝群体和球队所处的崇高地位，创建一个连接数百万人、由杰出企业构成的生态系统会是什么样。当然，我曾经率先尝试过在社交网站上拉近球队和球迷的距离，我们在很长一段时间内都是联盟里该网站上粉丝数最多的球队，但除此之外，我还看到了各种被错过的机会。我觉得我没有充分利用自己的才能。我想要处在一个持续成长并被不断颠覆的位置，而不是一直管理一些常规事务。无论我做什么，我们都会获得电视合同，人们依然会购买纽约喷气机队的比赛门票。

---

① 美国国家橄榄球联盟的标志是一个盾牌的形状，"保卫盾牌"的意思是保护整个联盟的形象、声誉、利益和品牌。——译者注

所以我辞职了。

疯狂吧？ 我在球队的工作是很安稳的，至少在当时是这样的。也许我可以只把脚涉入水中——边工作边投资一家小公司试水，看看我有没有帮助别人创立企业的天赋。但那只是三心二意的努力，挤在我认真严肃的工作职责之间——这是行不通的。

然而，我离开球队时并没有一个可行的计划。我筹集资金开始进行投资，参加了一些会议，还度了一个假。你可能会说我这么做是鲁莽的，但真正的鲁莽是继续走在那条我知道不会让我快乐的道路上。我们花费了太多的时间试图留住自己所拥有的东西，却忽视了潜在机会的损失。

事实证明，对于橄榄球界排斥创新的做法感到沮丧的人不止我一个。在我离开纽约喷气机队之后不久，斯蒂芬·罗斯就买下了迈阿密海豚队。离开球队后，斯蒂芬在一次会议上看到了我，他想知道为什么我要离开球队。他需要一个明白他橄榄球生意的人来帮助他的管理团队走上正轨。但是，作为一名企业家，斯蒂芬非常明白我渴求的那种能量，那是单纯管理球队所提供不了的。就像后来我在杰西身上看到了某种东西一样，斯蒂芬也在我身上看到了某种东西。

客观地说，在斯蒂芬遇到我的时候，我的个人背景里找不到任何能表明我会成为一名优秀投资人或创业导师的证据。

我的确没有在私募股权公司工作的经历。然而，作为世界上最成功的地产开发商和最有活力的企业家之一，斯蒂芬从他的个人资产里拿出了数亿美元，让我创立一个以体育为核心的多样化消费者产品组合。我没有哈佛大学的学历，也不是洛克菲勒家族①的后裔，只是一个来自皇后区、手握高中同等学力证书的孩子。斯蒂芬从我过往的经历中看到了我身上的潜力。在他漫长的职业生涯中，斯蒂芬成功的秘诀就是忽略既定的人才标准，独立地识别和任用人才。他知道我的出身不应该压制我的才能；他知道我们的成功是因为靠自己，而不是因为我们来自哪里。

我们的合作非常完美，我用自己在纽约喷气机队学到的东西帮助斯蒂芬将迈阿密海豚队的业务步入正轨，同时，我把大部分的时间投入了 RSE 投资公司的创办中，在那里，我们可以发现由优秀领导者创立的杰出品牌，通过与他们合作来改变这个世界。这是我留在纽约喷气机队永远也得不到的机会，如果我不愿意跳入未知的领域，我永远都不会找到这个机会。

---

① 洛克菲勒家族来自美国，是全世界最富有的家族之一。——译者注

◉ ◉ ◉

那么，究竟是什么在阻碍着你呢？

有人对我说，他们不能全力以赴，是因为需要养活自己。实际上他们弄错了重点。请运用你的常识来降低风险，去找第二份，甚至第三份工作。全力以赴并不意味着没有下行保护，你可以在银行里存点钱。当我离开纽约喷气机队时，我就有一些存款，这将保证我不会流落街头。你不需要去破坏你的人际关系或损害你的声誉，因为这样会让你再也找不到工作。你不需要把你的房子做二次抵押、动用孩子的大学基金，或是自己睡在车里。但你必须全力以赴。一旦你制订了一个备用计划，就会出现更多的备用计划，而你会过度依赖你的备用计划。

你可能会想，那要怎么保证多样化呢？ 我们都应该理解分散风险的好处，不要把所有鸡蛋放在一个（未经证实、不确定和不能保证的）篮子里面。但我相信，加强你的信念可以淡化你的怀疑。多样化的程度应该和你对成功的确信程度成反比。如果你将精力分散在各种机会上，你就无法全身心投入任何一个机会，这样的结果往往事与愿违。

我知道要迈出这一步很难。在决定推出我的特别并购上市业务（Special Purpose Acquisition Corporation，SPAC）公司，并开启我的纽约证券交易所敲钟之旅前，我一直犹豫不决。我总觉得时机不对，当然最终的结果也验证了我的感觉。但是，我相信我和我的团队可以克服这些困难。对于 SPAC 业务的成员选择，我有着非常清晰的愿景：公司将汇集拥有各种专业技能的人才，包括市场营销、信息传递和一些在我眼中非常聪明的商业头脑，他们将挖掘出我们所选的公司的价值，并帮助它们上市。直到最后，我认为我们的策略也并没有错，但有些事情是你无法解决的。2022 年初，随着人们对通胀的担忧日益加剧，纳斯达克（NASDAQ）一度从高点下跌超过18%，差点创下有史以来最糟糕的一月份表现。最明智的决定是放弃，而非继续一个注定要失败的事业。

我依然很高兴冒了这个险。我在这个过程中学到了很多，并且认识了肖恩·哈珀，他是一名杰出的创业家，在我们结束该项目合作不到一个月的时间，就筹集了 7500 万美元。我这次冒险没有得到回报，但你不去冒险，你就永远不会获得回报。我睁大双眼投入进去，毫不怀疑这次经历将引领我取得更大的收获。

◎ ◎ ◎

我在这里谈论我的失败，是因为我不想假装一切总会一直顺利。我不会对你说你将拥有一切，也没有人能保证自己取得成功。在每一次追求过程中，我们总会失去一些东西。想一想你可能会牺牲的东西：陪家人的时间、你的存款，还有做其他感兴趣的事情的机会。但请记得你可能获得的回报，无论它是有形的还是无形的。此外，至少在开始阶段，请把更多时间花在"为什么要做"而不是"该怎么做"上。确定了你人生旅程的方向，沿途偶尔的成功或失败就仅仅是故事里短短的几个章节而已。

我希望你接受一个违反我们直觉的观点：我们与风险的关系从本质上来讲是颠倒的。社会让我们相信，我们在承担风险之前需要确定并完善问题的解决方案，这就是所谓的"谨慎"。我的看法则恰恰相反。当我们追求一个目标，需要对问题提出一个完全成熟的解决方案时，实际上这就剥夺了我们在压力下展现能力的机会。问题会带来解决它的方法。如果你能接受问题，对于如何解决它只有一个模糊的方案，如果你总是偏爱于行动，你的本能思维将会为你完成剩下的工作。

然后，突然间，你就在那儿了。

你就在水中。

没有回头路可走。

第二部分

绝不回头

第四章
充分利用你的焦虑

在我思考焦虑如何能给我们带来最佳表现时，埃里克·曼吉尼这个名字立刻浮现在我的脑海中。从 2006 年到 2008 年，曼吉尼担任纽约喷气机队的主教练，我也因此和他展开了合作。曼吉尼对细节的把控程度非常高，他带领球队一扫前一年 4 胜 12 负的阴霾，在执教的第一个赛季，就把球队带到了季后赛，这也为他赢得了一个实难超越的绰号——"天才曼吉尼"。

曼吉尼总是在挑战极限。他对于喷气机队训练的各个方面都安排得非常细致，甚至小到音乐的挑选。他的目标就是不断打破球员的常规，逼着他们走出舒适圈。曼吉尼会让球员们跳芭蕾、学习拳击，做任何能打破常规的事情。在 2006 年季后赛即将来临时，曼吉尼将球队的训练场地搬进了一个空旷的室内橄榄球场。场馆顶部高达 120 英尺，即使是最有天赋的联盟球手也踢不到这么高。这样的高度会带来震耳欲聋的回声，但这是个问题吗？ 对曼吉尼来说不是。对他来说，这只是一个特点，而不是一个缺陷。曼吉尼希望他的球员能够摒弃干扰，在任何环境下都能茁壮成长。

回声还不够大吗？ 曼吉尼还会用重金属和说唱音乐来"轰炸"场地，以至于球员们在启球线上都无法听见彼此的声音。他们试图捂住耳朵阻挡噪声，只能依靠摆动的手势进行沟通。大家进入了一种纯粹的混乱状态——但这正是作为教练的曼吉尼想要的。

这种疯狂背后是有他的道理的。扬声器和回音模拟着球队在明尼阿波利斯的都会圆顶室内球场（现已被拆除）中将会遇到的观众刺耳的噪声。曼吉尼的口头禅是："你训练得怎么样，你比赛就会打得怎么样。"曼吉尼的目的就是让球员承受适当的压力，以复刻比赛当日的情景，其关键就在于对度的把握——不能影响他们的表现。"我想要他们习惯不舒服的感觉，"曼吉尼告诉我，"这就是成长的方式。噪声会迫使他们进行非言语交流，这是在比赛中非常重要的一个优势。如果我能让他们熟悉比赛日的环境，就能给球队带来真正的优势。"

曼吉尼甚至将喷气机队的训练室改造成了一个由前军事上校路易斯·科斯卡博士（Dr. Louis Csoka）主导的"脑战场"，科斯卡博士曾经创建了美国陆军的首个运动表现加强中心。有科斯卡博士参与改进我们的训练设施是非常好的。科斯卡博士将一头连接着电脑屏幕的电极接到球员身上，这样球员就可以监测和调节自己的脑电波。这一做法背后的理论依据是情境意识和自我调节。球员可以想象自己在橄榄球场上完成了壮举，并实时观察自己的思维过程。通过这样的训练，即使面对着极端承压的情况，球员们也能运用呼吸技巧来帮助自己放松。

这个方法是否奏效呢？我不知道。毕竟它并不能带来彻底的改变。我们在季后赛外卡赛中输给了新英格兰爱国者队，然后，在 2007 年，我们又遭遇到了溃败，那年我们的战绩回到了 4 胜 12 负。曼吉尼所做的工作并不是施展魔法，或者说可能他做得还不够。但他的这个想法是有道理的——将球员推向他们的极限，以提高他们的抗压能力。这一点可以在关于焦虑的研究中得到证实。1908 年，两位哈佛大学的心理学家提出了后来被称为耶基斯－多德森定律（Yerkes-Dodson Law）的理论，它研究了恐惧和焦虑的问题。研究发现，焦虑和我们的表现之间的关系呈钟形曲线状。你需要适量的恐惧（但绝不能过量）来帮助自己发挥出最佳状态。这就是曼吉尼的行动背后的逻辑：在追求目标的过程中，不要消除生活中所有的压力，而是要适当地利用它，把它变成我们成功的催化剂。

本章是关于如何找到最佳焦虑水平的，在这个水平上，我们能保持渴望、积极和高效，但又不至于陷入瘫痪、精疲力竭或遭遇灾难。在人生的旅途中，有四个步骤可以帮助你充分利用焦虑：审视自己是否处于钟形曲线的顶峰，是否在追求正确的目标；高效地利用焦虑提升自己的表现；警惕自己即将跨过界的迹象；培养一种生活方式，运用合适的应对工具来控制焦虑。

审视你的身心

Ne te quaesiveris extra.——这是爱默生用拉丁语在《自助》中写下的第一句话，意思是"不要在自己之外寻找"。我们去咨询专家、看在线视频、搜寻书店中的一排排书架，做了一切我们能做的，却唯独没有考虑自己是否已经拥有了答案。自我意识是完全受你控制的，是你创造价值的最大源泉。你只需要向内探索并问自己："你感到舒适吗？"

如果你的答案是肯定的，那就有问题了。感到舒适意味着你的才能被浪费了，你没有最大限度地开发自己的潜能。除非你正在努力恢复自己，为下一次旅程储备能量，否则你不应该感到舒适。舒适能让伟人也停滞不前。

凯特琳·伍利（Kaitlin Woolley）教授和阿耶莱特·菲什巴赫（Ayelet Fishbach）教授研究了不适感是如何推动个人成

长的。她们发现，在经历了一系列情绪冒险活动之后，比如参加即兴喜剧课程、写下困难的经历，或试图与自己观点相左的人打交道，那些感到最不舒服的人收获了最大的个人成长。"与其回避成长中无可避免的阵痛，"她们写道，"人们应该追求这种不适感，并将其视作进步的标志。成长总是不舒服的。我们发现，拥抱不适感能够激励我们前进。"改变你与不适感的关系，将其视为一个反馈循环，而非求救的呼声。

只有直升机可以盘旋在空中，而人不进则退。无论是个人还是企业，如果不付出极大的努力维持自身的地位并不断成长，就会遭遇失败。成功的企业往往会采用一个双重策略：吞噬自己式微的想法，同时体现出不断重塑的文化——想要不断重塑自己是很困难的。感到不舒服很痛苦，但它理应是痛苦的。成长是痛苦的。审视你的生活，如果你一天做的工作中，绝大部分都是已经熟练掌握的内容，那你就太舒服了。如果你做的工作即使成功了，也不值得写入你的个人传记，那你为什么还要去做呢？

◉ ◉ ◉

我总觉得我的人生被剥夺了一件事。我爱皇后学院，但作为一名高中辍学生，且需要在家照顾母亲，我从未有机会验证自己是否能够在最高水平上与他人竞争。这意味着我只能选择去一所我负担得起的、离母亲只有几英里远的公立大学夜校读书。我很好奇，如果我出生在一个普通家庭，有一个平凡的童年，遭遇的是大多数孩子都会遇到的平凡小事，我的人生该有多么不同？我做家庭作业了吗？有人愿意在舞会上和我约会吗？恰恰相反，我担心的是这周我们能否吃得上晚饭，或者如何给我母亲擦洗身体（因为她甚至下不了床），或者她今天是否会在半夜停止呼吸，又或者在她最绝望时，威胁说自己要付诸的行动——她要"结束这一切"。

我对自己的能力并不缺乏自信。我想，如果有机会，我可能会进入像哈佛大学这样的地方，当然我也知道这只是自负之言。任何人都可以说这样的话。我永远无法证明它，这让我苦恼不已。我一直渴望能在学术领域大展拳脚，证明自己和别人一样出色。我渴望能得到一个机会，以验证自己是否属于顶尖人才。

但我永远不会成为哈佛大学的学生。我知道这一点。在我45岁的时候，去哈佛大学读书的大门早已关闭。有什么能比在哈佛大学读书更好的事呢？我热爱教学，热爱指导他人，我一直想在正式场合做这件事。因此我想到：如果我能在哈佛大学执教呢？一想到这个，我就渴望得不得了，胃里像有蝴蝶飞舞一般，心情也是七上八下。现在，我必须实现这个愿望。

　　经过数月漫长的交谈，哈佛大学淘汰了一批专家名流，这些人打电话来表示愿意"回馈"，但无意付出努力去讲授一门成功的课程。哈佛大学最终允许我开设一个冬季学期的课程，这是个短期的密集课程，旨在帮助学生深入研究在常规学期只会被一笔带过的特定领域。课程的要求是找到一个当代且有待开发的主题，而我正是这方面无可争议的专家。

　　"马特没有任何在哈佛大学任职的典型背景。"哈佛商学院的全职教员莱恩·施莱辛格（Len Schlesinger）回忆道。莱恩在哈佛商学院已经任教了 40 多年，也是我这门课的合作教授。"我们对话的内容主要围绕两个问题：你为什么想要来讲课？ 你用什么来吸引我们？ 我问了一个我已经用了很多年的问题，这个问题非常有效：有什么东西是你比世界上的其他任何人都懂的？ 我问了马特，他立刻回答道，是'直接面向消费者'（direct-to-customer）这一领域。马特向我解释道，他作为一名投资人，与其他投资人和创业者密切合作，知道直接面向消费者领域是什么样子，他对于什么有效、什么无效有自己独到的观点。更棒的是，马特向我保证，如果我们能让他在这个领域做点什么，他会提供他的人脉资源。"

　　通过与学生的交谈，我了解到直接面向消费者领域是哈佛商学院教学中的一个空白，学院中几乎没有相关的从业者，对于这个每周都在扩张的世界，也很难在学院中窥见一二。

其中一些业务可以在短短几年间由幻灯片上的创意变成一家独角兽公司，它们比大多数哈佛商学院使用的研究案例更具有时代性。将课堂和真实的创业世界结合起来正是学校所缺乏的，但也正是我所能提供的，毕竟这么多年来我扶持了不少顶级的、直接面向消费者的品牌。最终，莱恩被我说服了。现在，到我兑现承诺的时候了。

在商学院的课堂上，我们没有预设要给学生带来多少有价值的内容，我们安排了一个可谓疯狂的阵容和日程表：在四天的时间里，将有 22 位直接面向消费者的品牌的创始人来与学生进行交流。学生们以这种马拉松的方式不断和创始人展开有价值的对话，这是他们在其他情况下根本接触不到，也无从了解的人。

但是，随着课程的临近，我的焦虑也随之而来。我该怎么做这件事？要准备好与 22 位创始人进行深入交流，探索他们的内心，找到独特而有力的见解，需要付出巨大的努力。莱恩那时告诉我，只有从未在商学院讲过课的人才会提出如此大胆的安排。

现在，当我准备播客采访时，我会变得非常严谨。我会花费数小时阅读和研究能找到的一切资料，以便能在与不认识的人交谈时泰然自若。在哈佛商学院，我不得不发明一种流程，以帮助我上好这 22 堂课。我的焦虑在很多方面是有道理的。最终，我花了几乎一年的时间来准备这项工作，除此之外，我还有其他的一些全职工作要做。（当然，你可以从书中的一些案例研究中得到启发。我当时并不知道自己正在为书中分享的这些故事奠定基础。）

为了我们的 100 名学生，我们邀请了洛丽·格雷纳、杰西·德里斯、克里斯蒂娜·托西和加里·维纳查克（Gary Vaynerchuk）等人，他们和我一起从各个角度深入剖析了直接面向消费者领域。我希望这是一次沉浸式的感官超载体验，让学生们永生难忘。一天早上，我们邀请了格隆考斯基（Gronkowski）四兄弟，他们共同效力于美国国家橄榄球联盟（他们的大哥是一名职业棒球运动员），其中有被人们亲切地称为"格隆科"、未来将入选橄榄球近端锋名人堂的罗布·格隆考斯基（Rob Gronkowski），他们带着学生运动、出汗，这是对创业者艰苦生活的一种类比。另一天我们邀请了烟鬼组合（Chainsmokers），他们在洛杉矶现场直播演示，如何用名人的力量来加速投资。我们和魔法勺子的创始人共进了早餐，和克里斯蒂娜·托西一起预览了最新研发的一系列曲奇饼干。

"当一个从业者来参加这样一个为期四天的课程时，他很容易因为自己专家的身份，而不去做实质性的工作，"莱恩解释道，"但马特为这门课带来了完全不同的观点，对于这件事，他比我见过的大多数人更加投入和上心。"

我全力以赴。我把我家三楼布置成了一间模拟教室，搬进去一块巨大的黑板，还准备好了粉笔和黑板擦。我买了书法练习册来改善我的字迹，还在半夜时重新修改我的幻灯片。哈佛大学要求我全力以赴，我也希望能交出满意的答卷。如果我只是勉强应付，日子还是会照旧过；即使哈佛大学不再邀请我回来讲课，我也想向自己证明，我可以完成一些伟大的事情。

"马特渴望得到反馈，"莱恩说，"他真的吸收了反馈意见，并能迅速调整。许多人在教授哈佛商学院的课程时会因为焦虑而对反馈不够敏感，焦虑麻痹了他们，但马特的焦虑使他变得更加如饥似渴。"

课程结束时，我告诉学生们可以选择一个时间段和我单独会面，我想知道自己在生活和职业发展上能怎样帮助他们。当我和他们告别时，其中一个学生塞给了我一张手写的便条，上面写道，这是他在哈佛商学院上过的最震撼的课程。我把它装裱在我的桌子上并保留至今。它是一个证明，证明了当你拥抱焦虑，虽然担忧但仍竭尽全力时，事情将会怎样发展。

这门课最终成了哈佛商学院最受欢迎的密集课程之一。我现在每年都会作为哈佛商学院的执行研究员和别人共同讲授这门课。"许多学生表示，他们终于找到了一门可以看到自己的课程，"莱恩说道，"特别是我们介绍的创业者中有三分之二都是女性。而选修这门课的学生有 60% 也是女性。这是她们在商学院其他地方得不到的东西。"

⊚ ⊚ ⊚

我为了上好这门课付出了巨大的努力，因为把这门课上好就是我的目标，而这个目标对我来说又非常重要。那么，第二个我们需要问自己的问题是：你的目标是否正确？

为了感到不适而让自己不适并不是目的。之所以要去忍受不适感，是因为它是值得的。你需要真正弄明白的是，自己为什么要出发。有什么是你要考虑清楚的？ 想象一下自己实现目标的那一刻，一切做得都是那么完美。想象一下你将要成为的样子，你的感受是什么样的，有什么样的机会将出现在你眼前。它们是否让你渴求，并且几乎让你愿意舍弃一切去追求？ 我常常在思考这些问题。我把自己置身于未来，想象自己离开了哈佛商学院的讲堂，却丰富了 100 名学生的生活，我问自己：为了达到这个目标，有什么是我不能忍受的？

我的回答是，为了实现我所设定的有意义的目标，我几乎可以做任何事情，无论是取消早已计划好的假期、推迟购房，还是全力以赴进行数周甚至数月的辛勤工作、熬夜加班，不贪图一时的愉悦。我都愿意。我愿意忍受来自陌生人的嘲笑，忍受来自朋友和专家的质疑。

有一对出现在我试播电视节目中的情侣完美展示了这个观念。萨曼莎（Samantha）和埃德温（Edwin）拥有童话故事里的所有条件：埃德温的家族从事的是珠宝行业，正准备帮助他定制一枚婚戒来求婚，这对情侣已经为他们梦想中的婚礼存够了钱，在公司里的工作也为他俩的未来提供了足够的保障。

"我不需要这个戒指。"萨曼莎说道。

他们把用来买戒指的钱当作首付买了一套房子，计划将其改建成民宿以获得一些额外的副业收入。然后新冠疫情暴发了，他们放弃了民宿计划并搬了进去，接着，房地产市场升温，他们卖掉了房子，获得了 10 万美元的利润。有了这笔钱，再加上原本计划花在婚礼上的钱，他们有了足够多的资本去冒险买下一家公司。

"我们开始计划我们的婚礼，但我并没有感到特别兴奋，"萨曼莎说，"感觉这更多是为了别人，而不是为了真正帮助我们自己，助推我们的生活和事业，让我们更上一层楼。相反的是，建立一家公司似乎更有回报。"

如果你不愿意放弃一些东西以实现你的目标，这个目标可能就是错误的。你必须渴望实现它，并且要有正确的动机。我绝对有过追逐错误梦想的时刻，那时我可能动机不纯，被虚荣、认可、奉承或怨恨驱使，或者对结果太过执着，没能看清现实。我们都有被蒙蔽双眼的时刻，追求着没有坚实基础支撑的突破——无论是因为我们没有实现它的能力，还是它根本就不可能实现。

我想起了 RSE 刚刚创立的那些日子，那时我急切地想要证明自己是一个冉冉升起的创业新星。我创建的第一批业务中有个叫 Leap Seats（跳过座位）的项目。我十分相信自己有改变游戏规则的洞察力，这让我甚至不愿意考虑失败的可能性。我去了纽约喷气机队和迈阿密海豚队的比赛现场，看见体育场内有些空座位。在橄榄球比赛现场，大多数坐在季票座位上的人都不是季票拥有者本人，而是他们的朋友或在第三方转售网站上购票的人。在能容纳 75 000 人的体育场内，其中的 50 000 名球迷我们可能都不认识。那时还没有数字化票务系统，因此我们接触不到这些人，无法向他们进行推销。

我有一个想法：在比赛第一节结束时，我们可以出售球场下层看台的空座位，也就是那些离球场最近的座位。一个人注册我们的应用程序，并支付十美元，就能在接下来的比赛时间里换到更好的座位上去，也许他还可以支付 50 美元并获得一些特殊的体验，比如到球场上与一名前球员合影。我招募了一名出色的首席执行官——安德烈娅·帕尼亚内利（Andrea Pagnanelli），她对票务业务十分了解，我们从零开始建好了我们的应用程序。我反复问自己，我是否对这个想法太过痴迷，而忽视了一些问题。

我确实忽视了一些问题。

我忽视了现实情况。随着我们转向数字化票务业务，这个想法将再无立足之地，至少不能作为一个单独的项目存在。它只是一个功能，而不是一种商业模式。如果我在一家票务公司工作，这个想法倒是有可能让我升职……但我不在。如果我不打算将这个应用程序作为渠道来做一名售票商的话（我绝对不想这么做），这个想法就不值得投资。自信和妄想之间有一条微妙的界线，创业者需要在这条界线上生活。如果你不进行一点点妄想——比如，当然，我可以顺利完成在哈佛商学院的授课——你就永远不会去做那些触及你能力边界的事情。

但你不能永远欺骗自己。你要有自我意识，知道自己是谁，知道世界是如何运作的，知道什么才是真正可以实现的。最终我放弃了 Leap Seats。安德烈娅将投身于另一项业务中，她很适合其中的一些工作，我不想放弃重新启用她的机会。我看见了光明，也没有让这种害怕承认自己错误的恐惧阻止我做出正确的决策。

让恐惧推动你进入下一个阶段

我 16 岁那年进入了国会议员加里·阿克曼的办公室工作，时薪九美元，我感到诚惶诚恐，我知道我必须证明自己的价值。每一天我都很担心，害怕被人发现自己只是一个什么都不懂的孩子。这种恐惧驱使着我竭尽所能地增加自己的价值。

阿克曼的竞选经理是一名 50 多岁的中年人，作风粗鲁老派。一天下午，他需要有人帮他进行邮件合并工作。他需要用老式点阵打印机打印数千封个性化信件寄给阿克曼的支持者。那是 1991 年，电脑对任何 12 岁以上的人来说都依然是个未解之谜。

那个时候，我从没拥有过一台电脑，我们家甚至连洗碗机都没有，但我想成为英雄，我害怕不能成为英雄。我对竞选经理说我会处理这件事。"我对电脑还算了解。"我自告奋勇地表示，认为自己足够聪明，可以解决这个问题。那天大家都离开了，而我整夜都在测验、尝试、学习如何解决这个问题。当一封封信件与信封上的透明塑料地址窗口无法对齐时，我只能强忍住眼泪。到了早上，我终于解决了这个问题。竞选经理到办公室时，发现工作已经完成了，而我则疲惫地躺在一堆箱子上，沉沉地睡去了。

"他声称自己很懂电脑，而我需要用电脑来处理人口统计信息。"多年之后，阿克曼的竞选经理在《公关周刊》上这样评价我，那是对我的早期报道之一。"[他夸大了自己的能力，]但他学会了。他自学成才，这一点让我印象深刻。"

初选结束后，即将进行普选，这里没有工作可做了，所有人都被解雇了，只有我是例外。

年轻时，恐惧让我明白了一个重要的道理：在追求职业成功的道路上，无论你被分配的任务有多么琐碎或看似微不足道，你都要让自己变得不可替代。如果有人觉得某项工作足够重要，需要你来做，这项工作就真的很重要，你需要把它做好。我13岁时在当地的麦当劳餐厅工作，负责儿童派对室的清洁工作，即使在这种情况下，我也知道需要找到一种方式让自己变得无可替代。我跪在地上，双手撑地，仔细检查蘑菇形状的桌子下是否有干了的口香糖（那不仅仅是孩子们留下的！），很快我就晋升为聚会区域维护经理，负责确保每天打烊时，餐厅的任何角落都没有麦乐鸡的碎屑。（那时，相较于清理口香糖，打扫鸡块残渣算得上是一种进步。）

恐惧能帮你实现各种伟大的目标。马克·洛尔谈到过恐惧如何推动他进入下一个阶段："当你面临生死存亡的境地时，如果事情失败了，你可能就无法养活你的家人，这时你会找到引擎的第六挡，做那些你曾经以为根本不可能做到的事情。"马克告诉我："即使我有了钱，我也会把自己置于那样的境地中。当我建立 Jet 电商网站时（我最后把它卖给了沃尔玛），我把自己认识的每个亲戚朋友都纳入了这笔交易，好让我能奋力一搏。我不能输掉父母的钱，或者其他亲戚朋友的钱。我赌上了我的骄傲，完全不考虑备选方案。"

为了取得巨大的胜利，你需要把恐惧转化为行动，把焦虑转变为工具，让它们带着你越飞越高。

但你不能让恐惧跨过界

喜剧演员加里·古尔曼（Gary Gulman）演了 20 多年单口喜剧，但只能勉强维生，从未实现真正的突破。古尔曼周围的人都不知道，他从童年起就在跟焦虑和抑郁作斗争，他快被它们压垮了。2015 年，古尔曼在纽约的海莱恩宴会厅（Highline Ballroom）拍摄了奈飞的特别节目，他以为这一次终于可以在事业上取得重大突破了。"我认为那是我最好的作品，"古尔曼说道，"但反响平平，还是没有用。最后我花了一年的时间才卖给奈飞，在那儿也没有得到好评。"

古尔曼的父亲在那之后不久也去世了。这两件事让他陷入了长达两年的重度抑郁期。古尔曼几乎无法再工作，只能从纽约搬回他在马萨诸塞州皮博迪（Peabody）的家，住在他小时候的卧室里。在一次演出结束之后，古尔曼一个人待在旅店里，他想到了自杀。"喜剧演员向来以邋遢懒惰著称，当可怜的清洁女工星期一早上进来要处理这个情况时，她会怎么想呢？"

后来，古尔曼在一家精神病院接受了治疗，他一边接受电痉挛疗法，一边不断调整自己的用药，最终，时间和治疗帮他摆脱了抑郁症。但是，古尔曼没有重回自己拼搏了 25 年的喜剧表演行业，而是把他的焦虑转化成了他的工作。古尔曼创作了一部新节目——《伟大的"抑郁"》（The Great Depresh），第一次公开讲述了自己的挣扎。他得到了喜剧制片人和行业巨星贾德·阿帕图（Judd Apatow）的支持，并最终将其卖给了美国家庭电影台。该节目得到了评论界的一致好评。"对于如此黑暗的主题，竟然演绎得如此有趣。古尔曼真是太有才了。"一位评论家如是写道。古尔曼不仅重启了他的事业，而且凭借这个节目攀上了新的高峰。这一切之所以会发生，是因为古尔曼拥抱了自己的缺陷，他掌控住了焦虑，让焦虑为自己服务，而不是成为他的阻碍。

◉ ◉ ◉

2004 年 5 月，年仅 20 岁的棒球投手扎克·格林基（Zack Greinke）在堪萨斯城皇家队（Kansas City Royals）首次亮相，成了美国职业棒球大联盟中最年轻的球员。尽管在新秀赛季表现不稳定，但格林基依然展现出了巨大的潜力，是一颗前途不可限量的明日新星。"从一开始，他就能用棒球创造奇迹，"《体育画报》的乔·波斯南斯基（Joe Posnanski）写道，"作为一名新人，他拿下了堪萨斯城皇家队的年度最佳投手，是球队历史上获得该荣誉最年轻的球手，这已经很罕见了——纵观大联盟的历史，很少有 20 岁的球员能让击球手直接出局。"

然而，在内心深处，格林基正在与严重的社交恐惧作斗争。他的队友发现他很害羞、很难相处，而格林基在 2005 年一整年都饱受困扰，于是堪萨斯城皇家队把他送去和社交能力很强的名人堂成员乔治·布雷特（George Brett）一起过一个冬天，以改善他的社交能力。

但这并没有起作用。2006 年，格林基返回球队进行春季训练，但由于心理原因，他最终离开了训练营，几乎要完全退出棒球界了。

"在一次牛棚练投中，他显得特别烦躁，一个好球都投不出来，"《洛杉矶时报》这样写道，"他投的球越来越仓促和急躁。之后，在球迷失望和疑惑的眼神中，他离开了投手丘，他认为自己将永远离开赛场。'当我真的不想做这件事时，为什么我还要让自己遭受这种折磨呢？'格林基回忆道，'我很享受打棒球，但我不喜欢它的其他方面。我想去做一些自己真正想做的事。'"

2006 年，格林基离开了球队两个月，后来在赛季中回归。在该年度剩下的时间里，他基本上都在美国职业棒球小联盟投球。他将治愈自己社交恐惧的功劳归于一种精神药品，它让他能够再次投球。如今，超过 15 年过去了，格林基依然活跃在赛场上，他拥有着超级巨星级的职业生涯。2022 年，他重新回到了堪萨斯城皇家队，在此之前，他曾先后效力于密尔沃基酿酒人队（Milwaukee Brewers）、洛杉矶安那罕天使队（Los Angeles Angels of Anaheim）、洛杉矶道奇队（Los Angeles Dodgers）、亚利桑那响尾蛇队（Arizona Diamondbacks）和休斯敦太空人队（Houston Astros）。格林基很有可能进入棒球名人堂，截至目前，他的胜场数超过了 220 场，是现役球员中胜场数第二多的人，在整个美国棒球历史上的胜场数排名第 73 位，他赚的钱也超过了 3.3 亿美元。

◎ ◎ ◎

古尔曼和格林基都曾跌落在谷底。但对你来说，即使不用住进精神病院，也不用担心放弃年薪数百万美元的体育事业，当焦虑过了头时，你也会深受其害。那时，焦虑非但不能助推你前进，反而会影响你的发挥。当焦虑从最佳水平变成我所说的"失控焦虑"时，就能很轻易地破坏你的梦想。

我一直在与焦虑、失眠和过度的担忧作斗争，不论担忧的事在不在我的掌控之中。我的朋友们嘲笑我是他们认识的最多疑的冒险家。这有时对我很有帮助，但有时又完全没有。面临重大时刻时，我可能会陷入一种麻痹的状态，什么事也干不了。我的身体在反抗，使我的成功危在旦夕，因为我的大脑无法停止转动，让我无法休息。这是一种对外界的危险的反应，一种时刻保持高度警觉的需要，实时判断究竟是该战斗还是该逃跑。当我第一次登上《创智赢家》的舞台，职业发展即将取得重大突破时，它变成了一个棘手的问题。

我当时在洛杉矶的一家酒店房间里，连续两个晚上都睡不着。早上八点，根据安排，我应该到达索尼影业的演播现场，与马克·库班、洛丽·格雷纳、戴蒙德·约翰和凯文·奥利里一起坐在那个特别的位置上。这是我在节目中的首次亮相，也许也是唯一的一次，这取决于我的表现。我毫不怀疑自己的投资能力，但却拿不准自己日常工作的经验能否帮助我在电视上指导那些创业者。我担心自己会在几百万名陌生人面前出丑，或者更糟的是，在我每天都要打交道的人面前出丑。

这种担心是完全不合理的。这当然不是因为准备不足而出现的担心，我准备得过了头，就像我为哈佛商学院的课程所做的那样。我和我儿子提前看了《创智赢家》的每一集节目，几乎有 200 集，总共近 800 个投资项目。我记了大量的笔记，将我认为和商业有关的内容都凝练成了简洁的金句。

我也在外形上做了准备。差不多在距离我上节目的一年前，我首次碰到《创智赢家》的制片人，那时我超重 50 磅。我决心在接下来的几个月里，在我上电视之前，减掉超出的每一磅，这样，当我未来十年间在美国消费者新闻与商业频道的重播节目里看见自己时，就不会感到尴尬。我做的还不止这些（尽管也许已经够了）：为了解决我在椅子上弯腰驼背的习惯，我花了 99 美元买了一个姿势矫正器，并佩戴了一个月，每当我在椅子上弯腰时，它都会电我一下，尽管这听上去非常荒谬，但它确实有用。这是虚荣吗？也许是吧，但如果你担心外貌会阻碍自己前进，你就有必要去解决这个问题。了解你自己和你的动机——与真实的自我作斗争从来都不是那个正确答案。接受你自己，用尽一切可能创造条件，让你成为最好的自己。

然而，在那个酒店房间里，我依然失眠了，我一直在问自己为什么要这么做。这是个关于选择的问题。为什么我要主动将自己置于这种境地，把自己的职业和事业置于险境？一夜未眠之后的那个早上，我蹲在瓷砖地板上，双手托着头，无法调整自己的呼吸。在我脑海中，我回到了"9·11"事件后的那些日子里，那时我疯狂地工作，连续三四个晚上都不睡觉。我戴上耳机，连续听了两个小时埃米纳姆（Eminem）的"迷失自我"（Lose Yourself）。我曾经（现在依然）是一个来自皇后区的、蓬头垢面、饥肠辘辘的孩子，我想要找回那时的心态。当我到达演员休息室时，我几乎无法保持冷静——这是我掩饰不了的。

我把戴蒙德·约翰拉进了我的化妆室，因为他也来自皇后区，我请求他给出一条建议，无论什么建议都行。戴蒙德告诉我："听着，你来到了这里。你之所以在这，是因为你本来就属于这里。"

凯文·奥利里告诉我："摄像机不会撒谎。不要想着和我们一样，做你自己就可以了。"他们俩给出的意见都很好，但等我走上舞台，我却僵住了。

《创智赢家》没有剧本，没有提前能做的准备，也没有助手，无人可以让我求助。创业者从那些门里走出来，投资人和观众一样，对他们一无所知，问题将如雨点一般袭来。我曾经很好奇那些投资人在他们膝盖上的便签中写了什么——结果是数字，因为你必须实时进行计算。

音乐响起，第一位创业者走了进来。我听到他说，"嗨，鲨鱼们 ①……"，然后就蒙了，在大约一分半钟的时间里，我

①　在《创智赢家》这个节目中，"鲨鱼们"用来指代评委席上的投资人。——译者注

仿佛迷失在了战争的迷雾里。其他投资人立刻开始交谈起来，七嘴八舌，都不遑多让，而我被完全晾在了一旁。当然，我知道这不是生死存亡的时刻，但我的本能还是在提醒着我，要么战斗要么逃跑。我想要摒弃恐惧，相信自己，相信自己可以闪耀。我深吸了一口气，告诉自己：我能做到。

◉ ◉ ◉

记得我在第二章谈到过的自我对话吗？ 它奏效了。面对那天的第一个交易，我和凯文展开了竞争，因为我很了解那家公司，它的创始人似乎也很清楚该做什么。我直视着那位创业者的眼睛，向他描绘了与我合作后的未来：我可以帮他把事业推向一个新的高度，弥补他的弱点，帮他渡过难关，成为我未曾当过的英雄。

凯文试图夺回创业者的注意力，但我已经赢了。那个创业者直直地看着我，然后说道："这个交易归你了！"我挥舞着拳头，然后冲上去抱住了他，我听到凯文低吼道："好吧，我出局了！"

在下一位创业者到来之前，每个人都回到了自己的座位上，洛丽·格雷纳是评委中最温柔的一位，她转向我，把手放在我的前臂上，低声说："马特，从 1 到 100 给你打分，你能得到 95 分，因为没有人能得到满分。在过去的十年里，没有人表现得像你一样，就像从节目开播的第一天起你就在这里一样。"我烧掉了自己的船，现在我和这些"鲨鱼们"在一起遨游。

我欣喜若狂，但我并不想生活在那种焦虑中。我并不建议你放任自己的焦虑到那种糟糕的程度，恰恰相反，我想给你一些建议，帮助你不至于陷入我、加里·古尔曼和扎克·格林基曾陷入的那种黑暗境地。

以下是我应对焦虑的四个重要建议。

用理论让自己安心

我在这本书中有时会提到一些理论，比如耶基斯－多德森定律——这是我在本章开头提到的、已经得到验证的关于焦虑的理论，但我为什么要提到它们呢？原因是我对关于心灵的科学很痴迷。数据就是力量。如果我能找到一项研究支持我正在做的事情，那么无论我做的是什么，这些理论都能帮我驱散疑虑。

我在巴黎参加马拉松的经历就是一个很好的例子。在比赛前一天我根本没有睡觉，事实上，因为时差，我已经整整48 小时没有睡觉了。当你在巴黎失眠时，除了盯着凯旋门、等待比赛开始，你还能做什么呢？ 我给纽约喷气机队的队医达米恩·马丁斯（Damion Martins）博士打了电话，询问他该如何应对极限耐力活动。新泽西那时正值半夜，我把他吵醒了。"你为了这件事给我打电话？"达米恩博士问道。他告诉我在比赛期间要喝橙汁。"你的大脑会爱你，你的肠胃会恨你，但你会获得你需要的能量，然后完成比赛。"（在跑了20英里之后，我才意识到达米恩博士说得多么正确。）

我还想了解更多东西，于是我开始在网上搜索。我想要找到一些建议，关于如何应对睡眠不足带来的问题，而搜索结果让我喜出望外：科学已经证明，缺乏睡眠并不是一个问题，那些同样缺乏睡眠的人，一度以为自己大难临头了，但事实证明他们也没事。

我找到了一项令人信服的研究，它指出，虽然缺乏睡眠会对智力表现产生影响，但并不会影响身体的表现，只要失眠的时间不超过30到72小时就好。太好了，我放心了，我脑中的一切又恢复正常了。我参加了比赛，并且与之前参加的纽约马拉松相比，我快了整整十分钟。

在任何情况下，都会有数据来让你放宽心吗？ 当然不会。但世界上有80亿人口，总会有某个人正在某个地方经历你所经历的事情。找到那个研究，找到那个人，让你不必步他们的后尘。用事实来指导你的决策，克服你的担忧。

每天冥想

我发现我认识的极为成功的公司掌舵人们大多会练习超然冥想。无论是瑞·达利欧（Ray Dalio）、比尔·盖茨（Bill Gates）还是阿里安娜·赫芬顿（Arianna Huffington），这些成功人士都习惯用这个方法来放松他们的心灵。人们已经证实，冥想能够提高人的韧性、情商、创造力、人际关系质量和专注力。我想再次告诉你，在对抗焦虑的方法中，冥想是最重要的方法之一。我对此深信不疑，这是你能给自己的最好的礼物之一。如果我告诉你，我每天的冥想都很完美，那我一定在撒谎，但我会尽可能地努力，对自己负责，因为自我关怀非常重要。我一遍又一遍地告诉公司创始人们和我的员工，善待自己对于维持自己的巅峰表现至关重要。但对我个人来说，我又常常在这上面摔跟头。当我变得非常忙碌时，我常常会否定自己。我的血压太高，体重过重，晚上睡得又不好。一些人会把这些问题视为荣誉的象征，证明他们在努力工作，但这种看法是错误的。拒绝给予自己自我关爱对于我们的职业发展毫无益处，反而会损害它，还会让我们的生活在许多方面变得更加艰难。你越早养成自我关爱的良好习惯，就越有可能长期做下去。从小事做起，但要坚持下去。

一些令我钦佩的人，会谈到将自己的行为习惯化，尽可能减少需要做出的决策，以最大化地提高他们的效率和创造力。史蒂夫·乔布斯和阿尔伯特·爱因斯坦每天都穿同样的衣服，这样他们就不必考虑自己的穿着。有些人每天早上都在固定时段洗澡、喝咖啡、冥想，并第一时间完成最重要的工作。在某种程度上，我很佩服他们，但同时我也知道，我们的生活方式都不一样，通向卓越的路径也各有不同。我的生活中没有任何例行公事。我的妻子也很惊讶我没有固定的洗澡和吃早餐的习惯。我随时随地都在查看电子邮件。我从一个紧急状况跳到另一个。我不喜欢把生活变成一个个例行公事，因为我担心这会让我没有足够大的思维空间去获取那些不经意间出现的洞察力，而这是我必须抓住的最重要的产出。

我认为你应该去冥想，但同时我也向你保证，冥想与否并不影响你是否要全力以赴。去尝试不同的事物，找到最适合自己的方法，坚持下去，尽力而为，即使没能达到完美也别埋怨自己，继续努力下去就好。

选择合适的人与你并肩作战

我的妻子萨拉是我处理各种事情的"秘密武器"，她是我认识的最冷静和理性的人，也是控制我的焦虑的关键，更是我在任何事情上完全的、彻底的合作伙伴，我们互相扶持，帮助彼此挖掘最大的潜能。她是那种少有的天才，仿佛内化了世上所有的说明书。我回家时，总能看见她正趴在车底下换消声器，或者站在屋顶上铺瓦片。我在社交媒体上发布了视频，展示萨拉各种不可思议的技能，收获了数十万的观看量；她处理起生活中的问题更是得心应手。关键是，有的伴侣会放大你的能量，有的伴侣则会吞噬你的能量——无一例外。

我认为这一点被低估了。关于亲密关系，我们讨论得并不太够，在走向成功的路上，找到一名合适的伴侣非常重要，而这一点也没有得到足够的重视。没有人可以单打独斗。传统的观点认为，无论是在生活中还是在事业中，我们应该找一个能把我们拉回现实、弥补我们弱点的伴侣，但事实是，这样往往只会带来一段剑拔弩张的关系，而非相处融洽的关系。我们总是在谈论差异性如何带来吸引力，或者共同创始人应该拥有不同且互补的能力，但相似性通常比差异性更持久、更强大。在哈佛商学院的课堂上，我问了每一位刚刚获得我们新一轮投资的创始人一个问题：他们以什么标准选择了自己的伴侣和商业合作伙伴，以及要维持好这些关系的关键因素是什么？ 他们的观点几乎是一致的，他们都谈到了价值观的一致性——一段关系的成功更多地取决于两个人的价值观是否一致、是否百分之百地走在相同的路上，而不是两个人能力互补并进行分工合作。如果你们没有一致的愿景，对重要事物的看法也不一致，能力就是无关紧要的。

　　在我为一项投资进行调查时，我会特意看看当事人的伙伴是谁，因为你往往可以立刻从中了解很多东西。他们的关系如何——是力量的源泉还是冲突的源头？如果我看到了蔑视的信号，比如挖苦的言辞或不经意地翻白眼，我就知道麻烦要来了。我们需要找的是一个和我们感受一致、意见一致、理想一致的人。如果某个人找到了合适的伴侣，坦率地说，我能从中知道他会怎样挑选自己的商业伙伴和员工。卓越的人总能在别人身上识别出相同的品质。另外，当我听到某人在谈论他的伙伴时说"他们让我脚踏实地"，我总会想到停在跑道上的飞机。问问自己，这是否真的是件好事？飞机的宿命是飞翔，你也是。

暴露你的致命弱点——寻求帮助来修复它

　　这是最简单的策略，但我们常常将它忽略掉，因为我们担心如果承认了自己的弱点，别人就会以此评判或惩罚我们。我的朋友迈克·坦嫩鲍姆（Mike Tannenbaum）现在是美国娱乐体育节目电视网备受赞誉的橄榄球评论员，在我们聘请他担任迈阿密海豚队执行副总裁之前，他曾是纽约喷气机队的总经理。我非常尊敬迈克。他是一个了不起的人，他的父亲是一名运输工人，他从 1994 年起就在新奥尔良圣徒队（New Orleans Saints）做实习生，并逐步提升自己。

迈克有一个大胆的梦想，他想成为体育行业的最高层领导者，他在一步一步地努力实现梦想。为了实现梦想，迈克上了杜兰大学法学院，并以优异的成绩毕业，毕业后，他找了份工作，为比尔·贝利奇克（Bill Belichick）教练和克利夫兰布朗队（Cleveland Browns）服务，负责研究合同和送人去机场。然后，迈克和贝利奇克一同去了纽约喷气机队，在四年的时间里，他从合同谈判员升任副总经理，五年后，也就是他 35 岁时，他成了美国国家橄榄球联盟最年轻的球队总经理。

迈克在工作上非常努力，最终获得了巨大的成功，他身边的人都不得不尊敬他，他也继续向上攀登着。他在纽约喷气机队的 16 年里，球队进入季后赛七次，参加美国橄榄球联合会冠军赛三次。

但实现这一切并不容易。迈克对于实现并保持成功的焦虑助推着他崛起，而他也表现出了一种极度紧张的状态。当压力过大时，迈克的眼神会变得疯狂，会对任何让他不爽的人和事进行指责。如果迈克注意到有球员在输球时站在场边笑，他会在第二天批评这名球员："你觉得输球很好笑吗？"

有时，当比赛失利后，我和迈克谈话，他会用拳头紧紧握着笔，我就会和他拉开两英尺的距离，生怕他把笔戳进我的眼睛。如果其他人没有像他一样对胜利充满热情，他就会感到十分沮丧。我理解迈克的感受，尽管我在努力控制着这样的感受。当我们渴望胜利，周围的人却只是敷衍了事时，迈克会直言不讳地说出我们的心声。

"我仍然记得，如果我看见你在场上和对方的人聊天，我会用力地敲打包厢的玻璃窗。"迈克回忆起我们的赛前准备活动，那时和对手亲近被视为一种"死罪"。"那是比赛日，我们不是来交朋友的。赛前闲聊会让我很生气。"

我钦佩迈克对工作的投入，但我也知道，这种炽热的激情虽然是他最大的优点，但也可能会在某一天会毁掉他的职业生涯。我们最大的优点也有可能成为我们致命的弱点。最终，我不得不介入。我告诉迈克，他表现出来的焦虑正在危及他的成功，甚至还有他的工作。迈克是怎么反应的？不，他没有拿笔戳我的眼睛——我们帮助了他〔我找到了产业心理学家劳拉·芬弗（Laura Finfer）博士〕。

"你当时说了诸如'这将是最棒的礼物'之类的话，"迈克回忆道，"起初我不知道自己是否该相信你，但你完全正确。要听到别人对自己的评价是很难的，这些评价或许就藏在你的心里，你知道它们是正确的，但没想到别人也看到了它们。

寻求帮助让我把自己看得更清楚了，让我更容易接纳自我，让我最终敢于暴露自己的脆弱。"

在我们的谈话过了几个月后，我走进迈克的办公室，看见墙上嵌着一个巨大的鱼缸。灯光昏暗，迈克用音箱轻柔地播放着 20 世纪 80 年代的音乐。他学会了应对焦虑的机制，并在将其付诸实践。对迈克来说，改变办公室环境有奇效，他放松了下来，不再被愤怒牵着鼻子走。

"当你得到这些工作时，"迈克解释道，"冒充者综合征 ①（imposter syndrome）就会开始发作。我是联盟里最年轻的球队总经理，站在纽约这个大舞台上，我担心自己不配。我一直在平衡着脑中的两种想法：一，为什么我还没掌控一切？ 二，我真的准备好了吗？ 我的父亲在波士顿和纽约的公共交通机构辛勤工作，他点燃了我的雄心壮志。我想要为我的孩子开辟一条更容易的道路，我愿意为了这个目标而奋斗。但当你提醒我时，我想我需要找到一种更好的方式来表达这一切。

他依然是情感充沛的迈克·坦嫩鲍姆，但他现在能够控制自己的情感，在合适的时候才迸发出自己的激情，他的整体表现也有了巨大的提升。

---

① 冒充者综合征是一种心理现象，指的是一个人在潜意识里认为自己并没有旁人看起来的那么优秀，是一个冒名顶替者，自己所拥有的一切都是虚假的，无法从中获得真正的满足感。——译者注

"我的雄心和不安全感既是一种祝福也是一种诅咒，它们是一体两面的，"迈克解释道，"无论我身在何处，我都想要走得更远。我知道即使到了现在，我也还有 100 万英里要走，我正在尽最大努力抵达目的地。"

"我在这方面依然不算非常擅长，"迈克承认道，"我是一家公司的董事会成员，如果有人在电话会议上迟到了一分钟，我会很不舒服。我生长在橄榄球这个艰苦、冷静又缺乏同理心的世界里，在这里，标准就是标准，它影响了我看待世界的方式。但我现在尽量提醒自己，世界上没有那么多非黑即白的事情，大多数事情只是有着不同程度的灰色而已。不是每件事情都值得我生气。"

迈克现在在各个领域都表现得很出色。从最初的经纪人，到（我们聘请他）来迈阿密海豚队再次担任球队总经理，再到 2019 年进入美国娱乐体育节目电视网管理层，负责推动美国国家橄榄球联盟的报道。除此之外，迈克还创办了"第 33 支球队"，这是一个由专家主导的橄榄球智库在线平台，平台上专家的教龄和管理年限加起来超过了 500 年。这个平台致力于提供深入的分析、评论和见解。另外，迈克还在指导学生，努力帮助他们获得橄榄球界的机会。但最重要的是，迈克知道了寻求帮助的重要性，他在不断提升自己的技能，把事情做得越来越好。

◉ ◉ ◉

不论你身处哪个行业，这些建议都是有效的。在你启程之后，这些建议能指导你走在一条正确的道路上。我们大多数人无法避免负面情绪，然而，如果它们能推动我们向前，让我们比周围的人工作得更努力、更敏捷，我们就利用了恐惧，把自己放在了迈向成功无与伦比的位置上。

但是，这只是一场内心的战斗。

我们还在和世界战斗，和一个总是在阻碍我们成功的外部世界战斗。

我希望处理外部世界的问题能像处理自己内心的困扰那样容易，一切都在自己的掌控之中，但天不遂人愿，意外总会发生。当意外发生时，你不仅要准备好去应对它们，而且要准备好利用它们、期盼它们并爱上它们。当坏事发生时，强烈的情绪会突然向我袭来，我想借用芝加哥前市长拉姆·伊曼纽尔（Rahm Emanuel）的一句话："你永远不想浪费一场严重的危机。我的意思是，危机之中蕴藏着机会，你可以做一些之前你认为自己无法做到的事情。"

第五章
拥抱每一次危机

"9·11"事件发生的那天早上，是我担任纽约市长办公室新闻秘书的几个月后。当第二架飞机撞到世贸中心时，我正在距离世贸中心几个街区的地方准备新闻发布会。我不知道市长在哪里，于是我回到市政厅想办法联系他。我刚刚走出大门，就听见了巨大的爆炸声，随后是人们的尖叫声。世贸双塔倒塌了——两天后，时任总统乔治·沃克·布什（George Walker Bush）第一次来到该区域，我陪他去了事发地点，我们找到了我在大楼倒塌前放进去的设备，它已经完全被压碎了。我和我的同事曾经去过的地方都已被夷为平地。

接下来的百余天内，面对这起历史上最严重的恐怖袭击事件之一，我每天要管理媒体的报道，几乎没有休息的时间。从卡塔尔埃米尔 ① 到英国首相，我带领许多领导人参观了世贸

---

① 卡塔尔埃米尔是卡塔尔国家元首和武装部队最高司令，掌握国家最高权力，由阿勒萨尼家族世袭。——译者注

大厦遗址。我们修建了一个观景台，可以在上面俯瞰世贸大厦遗址，我们还绘制了壁画，上面有 91 个国家和地区的旗帜，代表着这次灾难中有人员伤亡的国家。我们需要盟友，允许我们使用他们的基地和领空。我们和这些领导人们乘游船航行，环绕着曼哈顿岛端，再次回到那片焦土，这几乎成了我的日常。我和白宫紧密合作，心照不宣地朝着一个目标前进，那就是要让他们感到震惊和内疚。我们用黑色幽默来保持理智。我们内部将与这些领导人的旅行称为"自由之旅"。

这是异常艰难的。面对这场超乎想象的悲剧，很多时候我都想躲起来，假装它只是一场噩梦。但处在那个位置上，帮助纽约市重新恢复生机，明白自己能处理这一情况，这些最终为我改变了一切。我意识到，成长时经历的那些创伤，也许包括我母亲的离世，给予了我处理任何事情的能力。

这一章中的经验教训包括两个方面。第一个方面是要培养自己的能力，不仅要培养处理危机的能力，而且要培养利用机会的能力，把它们当作机会来帮助自己达到新的高度。密歇根大学的心理学家芭芭拉·弗雷德里克森（Barbara Fredrickson）的研究证实了这一点。她的研究表明，危机中的积极情绪不仅对当下有帮助，而且事实上还有助于培养良好的长期适应能力，以及在未来处理危机和从危机中受益的能力。

弗雷德里克森研究了大学生对"9·11"事件的反应，她发现，那些带着负面情绪的人，比那些努力去看见积极面的人，遭受了更持久的消极影响。积极思维会带给我们长久的好处，能为我们缓冲在未来生活中遭遇的危机。

我们聚焦于积极的方面，用那些承载着希望、感激、惊叹和满足的时刻保护自己免受抑郁和压力的困扰。有韧性的人能从每次危机中发现积极的因素，由此推动自己茁壮成长。换句话说，将危机视作机会，就能收获成长。几乎所有令人感到不适的情况都能靠替换两个字来重塑：将"必须"替换为"想要"。最有力的一个例子就是我们和工作的关系，这是我们每个人都要经历的。我每天都会提醒自己，我不是"必须"要工作，而是"想要"去工作。

我们要讨论的第二个方面是关于危机管理的——即使危机并没有发生。这是什么意思呢？ 实际上，真正的"焚船心态"需要危机带来的明确性，但不必等到一切真正开始土崩瓦解。危机限制了我们的选择，让我们聚焦于真正重要的事情。其实我们可以随时做到这一点，我们可以在被迫做出选择之前优化自身的行动，选择走上一条更好的道路，而不是那条仅剩的道路。我们可以救自己的事业于水火之中，即使危机并没有发生，在这一过程中，我们也能做出有创造性、有灵活性，并且最终看起来了不起的事情。

以下是你的危机管理指南。

直面一切，从最坏的情况开始逆向工作

在任何危机中，你首先要做的都是找到保全自己的办法。当我们发现自己无法破局时，我们往往忽略了在危机中要走出的最明显的一步：先活下去。过去的持久性预示着未来的生存能力和寿命。如果我碰到一家仿佛有九条命的公司，我就知道这不是偶然的。其掌舵人必定思路清晰，知道公司要先存活下去，他们必定能找到出路。因此，当你不知道该做什么时，你要怎么办？答案是，只需要站出来就可以了。

在双子塔遭到袭击后的 90 天里，所有的行动都是关于要站出来、要不断向世界证明我们不会因为恐惧而退缩的。我们立刻组织了一系列活动——我们一把设备调试好就立刻召开了新闻发布会，邀请不同的领导人参观，举办公众活动；恐怖袭击发生后不到两周，我们就在洋基体育场举行了一场由奥普拉·温弗瑞主持的仪式；在恐怖袭击发生一个月后，纽约爱乐乐团为曼哈顿下城区进行了表演——诸如此类的活动还有很多很多。鲁迪·朱利安尼在此期间勇敢无畏、不知疲倦地出现在各个场合，这为他赢得了"美国市长"的美名。当然，

令人伤感的是，鲁迪如今的形象已大不如前，但我依然选择记住他在"9·11"事件后展现出来的那种令人振奋的形象，他强有力的形象给人来带了平静感。我也从中学到，当局势变得混乱不堪时，"站出来"所传递出的象征意义有多么重要。

◉ ◉ ◉

当谈到似乎失去一切却依然能够存活时，首先出现在我脑海中的是比萨饼。位于美国东海岸的 &pizza 是 RSE 投资的一个连锁品牌，它的表现让人骄傲，其经营者是迈克尔·拉斯托里亚（Michael Lastoria）。多年来，拉斯托里亚为他的员工提供了各个方面的帮助，尤其是在新冠疫情期间。2020 年 3 月，当疫情开始扩散的时候，拉斯托里亚没有因为恐惧而关闭店铺，或寄希望于疫情赶快消失。恰恰相反，他认为这是一次千载难逢的机会，可以践行公司一直以来秉持的营销价值观，用实际行动证明"为生活工资而斗争"不只是发在社交媒体上积极却空洞的言辞。

&pizza 没有停发工资或裁员，相反，它立即为员工加了一美元的时薪；还免费给员工及其家属和医院员工提供免费无限量的比萨饼；公共交通大范围停运时报销通勤费用；学校关闭时放宽了病假政策，方便员工照顾孩子；为所有确诊感染新

冠病毒或接触过确诊病例的员工提供健康和安全补贴；后来，
"黑人的命也是命"抗议活动席卷美国，&pizza 还为每位员工
提供了带薪活动时间。2020 年 11 月，&pizza 宣布在全美范
围内将公司最低时薪提升至 15 美元；2021 年 6 月，该公司还
宣布为所有完全接种过新冠疫苗的员工或新入职员工提供 500
美元的奖金。

　　当然，一切都是有代价的。&pizza 停止了扩张的计划，
尽可能地削减开支。他们之所以要这么做，是因为拉斯托里
亚知道，想要度过一场危机，最好的方法是在员工身上加倍
下注，确保他们与自己站在同一条战线上。"我的想法，"拉
斯托里亚告诉我，"以及我们的股东的想法是，公司财务的健
康和员工的需求是密不可分的。我们关注自己的员工，同时
也把我们在市中心的店铺变成了做慈善工作的厨房。

　　对拉斯托里亚来说，疫情暴露了横亘在美国餐饮业长达
十几年的问题——低工资、缺乏福利、工作环境危险，以及
雇主随意裁人和招人的问题。而拉斯托里亚现在有机会来解
决这些问题。"提高工资是对员工说明'我们重视你'最直接
的方式，"拉斯托里亚告诉我，"如果我们的员工无法靠自己
的工资过活，我们做的一切就都是没有意义的。如果我们能
确保让员工满足自己的基本需求，他们就会对工作更投入，

因为他们也想成功。我们全力以赴，因为在面对逆境时，我们有采取大胆行动的信念。"

拉斯托里亚在正确的时间成了正确的领导者。当然，不论面对着什么样的危机，我们都要成为正确的领导者。

◎ ◎ ◎

想象一下，一场彻彻底底的灾难正在你眼前上演。从实际出发，你该怎么做才能安然度过这场危机？ 你是否担心资金紧张？ 如果是这样，思考一下你是否有任何可以迅速变现的资产。你是否担心员工会另谋高就？ 考虑一下采用大胆的策略来稳定军心。你是否担心合作伙伴会弃你而去？ 不要让恐惧影响你，坐下来进行一场诚实且真实的对话吧。

在想清楚之后你才能制订计划，让自己不再只关注恐惧本身。一旦你考虑到了最坏的情况，并设想自己到时候虽受挫却依然屹立不倒，恐惧就变得可控了。你不会再被未知的情况所困扰，因为你已经将最坏的情况考虑到了。如果你能尽力让自己不再忧虑，你就能释放出更多的心智能力。

即使灾难没有发生，以上这些你也都能做到。认识到潜在的风险，谨慎地行动，继续往前走。保护自己免受损失，然后重新分配自己的精力，将本来用于做预案的精力用在追求更远大的目标上。

但你要追求什么呢？

问问自己："如果今天要从零开始，我会做什么？"

Milk Bar 甜品店的创始人（也是我的合作伙伴）克里斯蒂娜·托西是一个真正的超级明星，比我更能带给人们光明和阳光。了解她的过程就是爱上她的过程。然而，即使克里斯蒂娜研发出了那么多美味的产品，新冠疫情也有可能随时终结掉她的事业。克里斯蒂娜是从实体店起家的，我们一直在设想将她的产品扩展到别的渠道上，但又担心会影响现在的生意。

疫情暴发后，商店要被强制关闭，很多人可能会陷入恐慌，试图减少损失，努力坚持到重新开业的时候。然而，克里斯蒂娜问了她自己一个简单的问题："如果今天要从零开始，我会做什么？"被迫关闭店铺之后，普通人一般会想："怎样重新开业？"恰恰相反，克里斯蒂娜想的却是："为什么非要开店？"

就在几天内，克里斯蒂娜开始全力押注电子商务。她开始在网上直播新的烘焙节目，每天下午两点走进世界各地的厨房，向人们展示如何用使用家庭常用食材进行烘焙。克里斯蒂娜与那些转向提供送货上门服务的超市达成了合作，她将在这些超市售卖她无与伦比的饼干，其中包括全美的全食（Whole Foods）超市、塔吉特（Target）超市等。克里斯蒂娜还开始向全美各地奋战在一线的医疗人员派发食品包裹。

"我想弄清楚如何去帮助他人，"克里斯蒂娜告诉我，"这是我建立事业的基础。甜品能'拯救'世界，我希望尽我所能地为世界上的每个人烘焙一块饼干。'烘焙俱乐部'就是我实现这一目标的方式。我们尝试了各种类型的内容，但它们都不够真实，所以这一次我遵从了自己的直觉，在社交网站上留下了这句话：'这就是我们要做的事，我们明天要建立一个烘焙俱乐部，你什么时候方便呢？'"

现在看来，这一切都如此明晰，但 Milk Bar 转型的天才之处在于，即使周围的一切都在分崩离析，克里斯蒂娜也依然能清楚地看到这一点。距离疫情暴发已经过去 18 个月了，克里斯蒂娜的每期直播仍能获得超过五万次的观看量。回望整个过程，克里斯蒂娜本可以将精力都投入重新开设实体店这件事，但她没有执着于收回失去的东西，而是构想了新的计划。

"万事你都已经俱备，"克里斯蒂娜说道，"在危机中，你可能会去寻找问题的答案，但事实上，你心里已经拥有了你所需要的一切，你要做的就是找到利用它们的方法。你身边的声音越多，事情就会越复杂，你就越有可能质疑自己，但是不要忘了——你内心早已拥有问题的答案。"

是的，危机带来了破坏，但也带来了许多原本无法实现的新机遇。克里斯蒂娜在疫情中茁壮成长，她的事业也发展得更大、更强，她在全球范围内都拥有了粉丝团，同时实现了经营战略上的彻底转型，从最多只有三倍营收估值的快速休闲餐饮领域转到了有五到十倍营收估值的包装消费品领域。克里斯蒂娜拥抱了危机，Milk Bar 的发展也因此蒸蒸日上。

◎ ◎ ◎

你如何应对危机，最终反映了你决策能力的高低。在快速休闲咖啡领域，RSE 投资了连锁品牌 Bluestone Lane，这也是个破釜沉舟的商业案例。品牌创始人尼克·斯通（Nick Stone）辞去了公司金融方向的职位，怀揣着创立一个澳式咖啡连锁店的愿景（尼克认为，与他在家乡墨尔本感受到的咖啡文化相比，美国的咖啡文化比较逊色），全身心投入新的事业之中。疫情成了行动的催化剂。尼克利用危机调整了开销，将业务转移到数字化平台上。他重新谈了每份租约，并从那些被迫缩小规模且需要现金的企业那里购买了物资。尼克问了自己一些在危机中必须回答的问题，这些问题是"大问题"的后续问题——如果可以重新开始，你今天会做出什么不同的事情？

- 你能否果断采取行动让自己生存得更久？ 或者你只是希望事情能自己变好，不用做出艰难的决策？
- 你能否调整策略满足客户当前的需求？ 或者你只是在固守已经过时的商业模式？
- 你能否带头引路，和你的客户交流，鼓舞你的团队，举起旗帜，朝着那众所周知的山巅冲锋？ 或者你只是把头埋在沙子里，逃避现实，对自己说抱歉？
- 你有没有给予自己行动的自由？

对于最后一个问题，尤其是在危机时期，尽量不要因为你需要得到别人的认可，或者说服他人相信你的直觉而影响你的决策。如果你真的有创新性，那么，过度检查和平衡你的决策——无论是他人的支持还是任何限制你遵从直觉的事情——往往不会给你带来什么好处。这种做法往往会阻碍你成功，因为它过于重视形式而非实质。我知道这有违常识，但它是事实：为了合作而合作往往会导致均值回归，以和谐共识为名会冲淡卓越性。

想让人们从一开始就理解你的梦想、看懂你展示的数据，这是我们都会犯的错误。当你因为没有人看到你的愿景而决定放弃自己的想法时——这就是创新被扼杀的过程。危机并不总是发生在我们所经历过的那种"生或死""战斗或逃跑"的时刻，它还发生在那些安静的时刻。机会从你身边悄然划过，因为你没有足够的行动自主权；变革与你无缘，因为你没有实施它的自由。

◉ ◉ ◉

在 RSE 的旗帜下，我和合作伙伴共同创立了一家名为 Relevent Sports Group 的体育娱乐传媒公司，并在十多年前注资超过九位数，启动了一个国际足球比赛。整个国际冠军杯（International Champions Cup）的故事就告诉了我们一个在危机中重塑自我的教训。我们启动的这个比赛无法让我们盈利，因为球队要的奖金越来越多。无论我们多么努力地到全球各地去建立关系和扩大球迷群体，都没能找到突破口。我们一直在"烧钱"。

我们找来了我认识的最具活力的交易专家丹尼·西尔曼（Danny Sillman），事实上，他也是我曾经合作过的最优秀的运营官之一。丹尼彻底改变了整个业务，不再关注比赛本身，相反，他意识到我们可以利用已经建立起的关系与顶级足球联赛合作，在美国销售它们的媒体版权。

这种追求可行业务的做法后来成了哈佛商学院的一个研究案例，该案例研究了我们最终与西班牙最高等级的足球联赛——西班牙足球甲级联赛（简称西甲联赛）——建立合资公司，并为他们达成了与美国娱乐体育节目电视网高达 20 亿美元的北美版权交易这件事。然后，丹尼利用在西甲联赛中的成功，做出了又一个壮举。我们和管理所有欧洲足球事务的机构——欧洲足球协会联盟——建立了合作伙伴关系，在美国销售他们的媒体版权。让一家总部位于美国的公司来代理欧洲足球业务，这一想法曾经是难以想象的。但是，丹尼、斯蒂芬·罗斯、我和别的联合创始人多年来数次飞越大西洋，游历欧洲各地，了解欧洲足球的习俗和特点。我们飞行了数万英里，在西班牙举办了无数个深夜晚宴，穿梭于每个重大欧洲足球赛事中的官僚机构和势力范围之间。我们交了入场费。我们的坚韧和创新赢得了足球界最伟大的变革推动者之一——欧洲足球协会联盟的主席亚历山大·切费林（Aleksander Čeferin）的尊重。切费林是一个有原则的人，我深深地钦佩他，他从不拘泥于礼节，只关心如何带给球迷最好的体验，以及为联盟带来更多的收入，以支持这项世界上极为受欢迎的运动向前发展。

关于我们击败了世界上一些顶级体育机构的事实，《纽约时报》表达了震惊："令人惊讶的是……这些对美国来说收益颇丰的版权。Relevent Sports Group 最终赢得了它们……国际冠军杯是这家公司过去十年间拥有的最亮眼的资产，但它却一直遭遇亏损，如今该公司翻开了新的篇章，将自己的经营策略转向销售高昂的体育版权业务。"

2022 年 8 月，我们的努力终于得到了回报。Relevent 公司将欧洲足球协会联盟的版权以创纪录的 6 年 15 亿美元卖给了派拉蒙（Paramount）影业公司（派拉蒙 + 和哥伦比亚广播公司属于该公司旗下）。就像丹尼一样，如果我们内心深知无论自己多么努力，前方的道路都注定通向失败，我们就不能害怕撤退和重塑自己的事业。这才是真正的领导力。

◉ ◉ ◉

转变策略不仅仅适用于业务方面。我很早就感染了新冠病毒。在纽约证券交易所敲钟后的第二天早上我就感染了这种病毒，病得非常严重。我被隔离了几乎一个月，有时候都不知道自己能不能熬过去。但是我挺了过来，这让我意识到，我绝不能浪费这个机会。是的，生活中当然有很多悲剧，但没有什么是二元对立的，除非你选择要这样看待它们。你可以承认发生了巨大的灾难，但同时请努力找到自己前进的最佳道路。我之前很难承认这一点，但若不是因为疫情，我永远都不会写这本书。在疫情之前，我好像一周有八天都在路上，从一个会议赶到另一个会议，飞往迈阿密海豚队的比赛，与创业者通话，回复一封又一封的邮件。我忙着去救火，没有时间进行深入思考。

不必再担心有见不完的面，通勤和旅行时间又由自己掌控了，我能够解锁全新的可能性，其中就包括写这本书。我的推动力有一部分来自恐惧。在办公室关闭的第二天，我坐在沙发上，拿出了一张纸。我担心压力和不确定性会影响我，让我不能充分利用疫情带给我的宝贵礼物——时间。

我受到了艾萨克·牛顿（Isaac Newton）的启发，在 17世纪中期，英格兰大瘟疫流行的那两年，牛顿完成了他人生中最伟大的著作。在被迫隔离期间，牛顿摆脱了教学的压力，能够全身心投入研究之中。关于宇宙是如何运行的，他提出了一些最基本的问题，然后又找到了答案，发现了关于重力、光和微积分的理论，这些成果代表着他职业生涯的高光时刻。人们常说，那是牛顿的"奇迹之年"，尽管当时充满了疾病和危险。

我不是艾萨克·牛顿，但我知道，如果我浪费了这段空闲的时间，我将永远后悔。事实上，浪费任何时间、想法、见解或者转瞬即逝的直觉，都是在浪费我们最稀缺的资源。宇宙给予我们的机会是有限的。这些机会有时很明显，比如一份工作机会或者一项商业提案，但有时它们只是我们脑海中飘来飘去的想法。我们都读过某篇文章，或在路上听到过什么，让我们意识到机会就潜藏在自己身边。

在这方面，我失败的例子很多。加里·维纳查克是市场营销方面的天才、一位创业者和互联网领域的全面洞悉者，他在 2021 年初就告诉我，非同质化通证——独特的数字资产，原创的音频、视频和图像文件，可以像传统实体工艺品一样，在区块链上进行买卖——将成为下一个热点。加里告诉我，这将是一个改变人生的机会，我需要尽早购买一些被称为"加密朋克"（CryptoPunk）的图像。我嘲笑了他，在我看来这个想法太荒谬了，甚至不值得考虑。加里是一个天才，拥有过人的天赋，虽然我知道这些，但我依然没有听从他的建议。

加里随后创建了 VeeFriends，这是一个关于他的非同质化通证的收藏和交流平台，在平台上加里还会为他的粉丝提供商业建议。VeeFriends 在一年的时间里就取得了巨大的成功，市值超过了 10 亿美元，它甚至还衍生出了实体的 VeeFriends 系列玩具，在梅西百货（Macy's）和玩具反斗城（Toys"R"Us）售卖。几个月前，当我们谈到这一点时，它还只是加里头脑中的一个想法，而现在它使加里成了亿万富翁，因为加里遵从了自己的直觉，并付诸了实践。

在加里告诉我押注非同质化通证八个月后，我终于深入了解了 web3.0，加里和我还启动了一个元宇宙基金。我担心自己来得太迟了，但我想，实际情况是我只比加里来得晚了一些。当一个人成功预测过未来，并邀你一瞥未来的景象时，请认真看。

⦿ ⦿ ⦿

我们不必接受每一个出现在自己面前的冒险机会，但我们需要明白，这些机会并不是无穷无尽的，如果我们浪费了，它们就永久地消失了。永远不要受限于今天的形势，你明天总可以调转方向。同时，如果你因为犹豫而错过了一次机会，也不要深陷在悔恨中。你要从中吸取教训，争取下一次做得更好。

孰好孰坏，谁又说得清呢

有一个古老的寓言故事——《塞翁失马》。一位农夫的马跑丢了，附近的村民向他表达了遗憾，但农夫却说："此何遽不为福乎？"过了几天，跑丢的马儿带着另外两匹马回来了，附近的村民又纷纷向农夫贺喜，但农夫再次回应道："此何遽不能为祸乎？"农夫的儿子想要骑其中的一匹马，但马将他抛了下来，他摔断了腿，附近的村民又向农夫表达了怜悯之情，但农夫却不悲伤："此何遽不为福乎？"后来战争爆发了，农夫的儿子是唯一一个没有上战场的年轻男子，而其他的年轻男子都死在了战场上。"塞翁失马，焉知非福？"

谁能说得清，我们生活中的哪些事情是好事，哪些是坏事呢？那些看似是危机、让人无法忍受的事情很可能会变成一种催化剂，帮助我们激发自己的全部潜能。我童年的生活很糟糕，但那样的环境赋予了我在困境中蓬勃生长的能力，也为我带来了职业上的成功。

一天晚上，我正在一个在线语音聊天室聊天时，泰勒·林赛－诺埃尔（Taylor Lindsay-Noel）的故事引起了我的注意。2008 年，泰勒还是加拿大的一名 14 岁体操运动员，目标是参加 2012 年的伦敦奥运会。后来，泰勒从高杠上掉了下来，摔断了脖子。现在，泰勒四肢瘫痪，只能坐在轮椅上，脖子以下无法动弹。

然而，她是快乐的。

体操梦已经破碎，泰勒就去上了大学，希望能成为一名娱乐记者。但由于身体残疾，这项工作对她来说难度太高。泰勒在网上搜索了各种不同的职业道路，最终她开始做播客，一边喝茶一边和名人交谈。因为找不到茶叶公司赞助，所以泰勒只好自己生产茶类产品，她创立了一家名为"Cup of Té"的公司，公司的产品最终进入了奥普拉·温弗瑞最喜爱的事物清单。

2021 年的格莱美奖和奥斯卡金像奖的礼品盒中就有泰勒的茶具，泰勒正朝着年销售额超过 100 万美元的目标前进。她拥有蒸蒸日上的事业、爱和富足而充实的生活。如果不是因为那场可怕的意外，这一切都不会发生。如果泰勒没有亲口对我说这些，我是不会相信的，她坚持认为自己现在比发生意外前更快乐。"这就像是一次重生，"泰勒告诉我，"我再也不是一名运动员和奥运会竞选者了，我被迫重新审视我是谁、重新规划我的生活。我再次评估了自己的爱好、长期的愿望和真正让我开心的事物。每天醒来，我都很感激我有机会去做更多的事、能成为更好的人，并能回馈社会。"

孰好孰坏，谁又说得清呢？

我可以列举出太多人，他们不仅安然度过了危机，而且在以全新的、让人意想不到的方式蓬勃发展。我指的不仅仅是那些遇到意外或形势超出他们掌控的人，也包括那些做出错误决策、犯了错误，甚至犯了罪的人，他们都为自己制造了危机。玛莎·斯图尔特（Martha Stewart）就是一个例子。她在一起备受关注的证券欺诈案中被判入狱五个月——当时她得到了内幕消息然后卖掉了自己的股票，并试图掩盖这一事实。出狱后，玛莎是否选择了躲藏起来，退出公众视野，放弃一切呢？当然没有，她不仅重建了自己的帝国，而且势头更盛。她推出了很多新的电视节目、写了书，从大型公司到史努比·狗狗（Snoop Dogg），她和很多人展开了合作，来宣传她在家庭烹饪和设计行业推出的新系列产品。玛莎没有让危机摧毁她。

迈克尔·米尔肯（Michael Milken）的故事也许更富有戏剧性。20 世纪 80 年代，米尔肯站在金融界的巅峰位置，彼时"垃圾债券"行业已经发展到价值数十亿美元，而他被誉为这一行业的开拓者。然而，米尔肯最终却被判入狱两年，因为他被控 98 项证券欺诈和诈骗罪，不得不向被骗的投资人和政府退还超过十亿美元。出狱后，米尔肯被诊断患有前列腺癌。而他做了什么呢？他创办了一个慈善机构，专门资助前列腺癌相关研究，这个机构已经成了世界上最大的前列腺癌研究慈善资金来源之一。米尔肯后来还成立了一个智库，专门用于资助治愈其他疾病的研究。2004 年，《财富》杂志称他为"改变医学的人"。

2014 年，乔治·华盛顿大学（George Washington University）将其公共卫生学院冠以米尔肯之名，这要归功于米尔肯的基金会和其他以米尔肯的名义捐款的人，他们给学院捐了 8000 万美元。米尔肯入狱后，变了一个人，而世界也变得更好了。

　　孰好孰坏，谁又说得清呢？

我们无法决定自己何时闪耀

　　我的朋友劳伦·布克自 2016 年以来一直在佛罗里达州参议院任职，并于 2021 年 4 月获得民主党同僚的一致支持，担任少数党领袖。她曾与奥巴马总统和拜登总统会面，被视为佛罗里达州长的有力竞争者。尽管劳伦在人生路上遭遇了各种巨大的挑战，但她努力克服困境，想尽办法让自己闪耀。从 11 岁开始，劳伦被一名住家保姆性侵了六年，身心和情感受到了巨大的折磨，而这位保姆深得她家里人信任，要求劳伦对此保密。劳伦付出的代价是惨痛的，她遭遇了饮食障碍、失眠和创伤后应激障碍，体重降到了 84 磅。事情曝光之后，保姆被判入狱 25 年。在经历了这样的创伤后，一个人的人生道路多半会变得灰暗。

　　但劳伦没有屈服。事实上，她用自身的经历来激励自己的职业发展，创造机会帮助他人——这是她从未计划过的。劳伦上了大学并获得了初等教育学士学位，开始做一名教师，然后，她又获得了社区心理学硕士学位。但劳伦并没有止步于此，她想要分享自己的故事，用它来激励这个世界，帮助那些面临类似困境的人。

劳伦成立了一个非营利性组织，名为"劳伦的孩子们"（Lauren's Kids），旨在教育孩子及其家人有关性侵的知识。十多年来，劳伦每年都会领导一次横跨佛罗里达州的、长达1500 英里的长途步行活动，该活动名叫"将心比心"，持续时间超过 42 天，以纪念仅在美国就有 4200 万之多的儿童性侵案的幸存者。劳伦写了一本回忆录——《说出来没事的》（*It's OK to Tell*），还写了一本儿童读物《劳伦的王国》（*Lauren's Kingdom*），分享了她的经验教训，鼓励孩子们说出影响他们生活的秘密。当然，劳伦还想做更多的事。她在 2016 年竞选佛罗里达州参议员，帮助通过了立法，以保护孩子们免受虐待和其他可能阻碍他们的事情。2018 年，佛罗里达州帕克兰市的马乔里·斯通曼·道格拉斯高中（Marjory Stoneman Douglas High School）发生了一起致命的大规模枪击案，事后劳伦提交了一项议案，要求学校安装移动设备报警系统。劳伦成了涉事学生的宝贵资源，她参加了葬礼，见了他们的父母，帮助幸存者们争取变革。

2021 年初，劳伦的四岁双胞胎的儿科医生因涉嫌儿童色情罪被捕。这对劳伦来说是"堵到家门口"的一次打击，她不敢相信，根据佛罗里达州的法律，那名医生在宣判结果出来之前还能继续行医。劳伦推动通过了一项法律，确保医生在被控与性或暴力相关的重罪时，其行医执照会被立刻冻结。在这个问题以及许多其他问题上，劳伦成了一个英雄。这并不是因为她一开始就有这样的目标，而是因为她听从了自己内心的声音，这个声音告诉她不要袖手旁观，而要用自己的创伤来帮助他人。现在，作为参议院少数党领袖，劳伦正在帮助制定佛罗里达州的议事日程，她的前途无量，我对她十分敬佩。

我之所以把劳伦的经历写在这本书里，有一部分原因是希望书中的教训不都是关于赚钱的。这不是"烧掉你的船"的意义所在。我们全力以赴，逼着自己去做些什么，产生影响力，实现自己的目标——无论采用什么样的形式。

"我很荣幸每天能做这项工作，"劳伦告诉我，"我感到很幸运也很骄傲，能够用自己的观点和经历做点什么——我知道有些人可能不会这样做，因为这很难也很痛苦。但我想通了，与其只当个受害者，不如用我的经历来改变我们的文化，让我们重新审视如何保护儿童和幸存者们。"

劳伦的旅程让她最终成了一个独一无二的倡议者。即使她从未这样定义过自己，命运最终也选择了她。

◉ ◉ ◉

我和劳伦谈论过我们艰辛的童年，尽管我们的难处各不相同，但最终都谈到了一点：要勇敢面对不适和恐惧，而不是回避它们，只有这样，才能释放自己的潜能。"这是一段旅程，"劳伦说道，"你需要明白的是，无论发生了什么，它都已经发生了，真正重要的是找到前进的路。这是一个不断发展的过程，而不是一个终点站，你必须要有耐心，要善待你自己。人生是流动的，是凌乱的，是灰色的，但我们总能找到机会去产生影响，去帮助这个世界。"

最终，去追逐威胁

为什么泰勒·林赛-诺埃尔能够在危机之后重塑自己的生活？ 为什么迈克尔·米尔肯能够转变身份，变成举足轻重的医疗慈善家？ 为什么克里斯蒂娜·托西能够在全球疫情汹涌时如此惊人地扩大自己的品牌？ 因为危机迫使我们行动。它让我们别无选择，只能汇集所有的力量和意志力，因为我们知道，如果不这样做，就注定会失去一些东西。

当事情进展顺利，没有改变的迫切需求时，一个人想做出重大的转变就难得多。当我们不面临生存危机时，我们常常会犯一个基本的错误，认为即使什么都不做也是可以的。但我们可以用另一种方式来看待这个问题。在危机中，我们的选择变少了。我们必须要活下去，而活下去的选择似乎很少、很有限。而在危机之外，我们的选择似乎是无穷无尽的。克里斯蒂娜·托西在过去的十年里随时都可以进军超市货架，她甚至可以不单单做饼干烘焙，还可以开设自己服装品牌。此外，她还可以将仓库改造成饼干工场，为其他饼干品牌代工，或者在百老汇开设一部互动式饼干烘焙秀，在节日期间为数以千计的人带来欢乐。这些选择听起来可能出人意料，但克里斯蒂娜的生意足够稳定，它们都不会影响她已有的业务。

我们随时随地都可以冒险，但我们通常不会去冒险，因为感觉选择太多了。我们应该去做什么？我们对此并不清楚，而维持现状更加容易，所以我们选择什么也不做。

我们通常认为选择越多越好，但研究表明，选择多了反而会让我们犹豫不决，大大降低效率。心理学教授巴里·施瓦茨（Barry Schwarz）曾写过一个关于选择的悖论：在一家高档杂货店，顾客可以用一张一美元的优惠券购买一瓶果酱。一些顾客看到展台上摆了 24 种果酱；另一些顾客只看到 6 种。"品种更多的那个展台会更吸睛，"施瓦茨写道，"但真要购买时，人们在大型展台的购买意愿只有小型展台的十分之一。"

换句话说，选择太多反而降低了我们的消费意愿。

⊙ ⊙ ⊙

那么，从这一章的故事中，我们都学到了什么呢？ 坏事总会发生——发生在我们的事业上、生活上和这个世界上。我们很容易偏离轨道，失去目标，变得保守。但危机也可以为我们提供展示自己、提高自己和改变自己的机会。

如果我们能够追寻这些挑战，而不是逃避它们，最终，我们不仅不会偏离轨道，而且能找到全新的、更伟大的道路。

无论身处顺境还是逆境，一定要时时问自己——

⊙ 最坏的情况是什么样的？
⊙ 如果要从零开始，我该怎么做？
⊙ 面对不利的情况，我该怎样从中获取它的价值？

克里斯蒂娜·托西肯定希望疫情没有发生，但对比 2020 年 2 月的情况，她现在是否对自己的事业更加满意呢？ 毫无疑问，是的。

我终于也有时间来写这本书了，我是否该感到开心呢？

这是当然的——我希望你在读这本书时也会感到开心。

　　疫情不应该是完成这本书的先决条件，但事实确实如此。下一次就不会这样了，因为我们学习了，我们变得更好了，我们意识到，曾经看似遥不可及的事情是能够做到的。我们打破了阻碍自己成功的条条框框，释放出了真正的潜力。

第六章
打破阻碍你前进的模式

我早些时候做过记者，这为我的职业生涯做了重要的准备。为什么呢？ 因为在这个过程中，我掌握了模式识别能力，作为一名记者，每天被洪流般的信息包围，我一遍又一遍地看着不同的生活模式在我面前演绎。只要观察人的行为模式足够久，你就能培养自己发现趋势和预测未来的能力。

正是这些模式帮助我们取得了成功，但也正是这些模式阻碍着我们前进。回望过去，我做出过一些重大举措，也达成过一些重要的交易，我们用"买家懊悔"来形容一个人买了某个东西后又后悔的心态，而其中最糟糕的情况是，在事情变得不对劲时，你才后知后觉，懊恼如果自己之前能审查得更仔细一点，就能够发现问题——无论这个问题是关于一家公司、一个合作伙伴还是关于你自己的。更可怕的是，你发现了这些问题，但由于认知上的偏差或傲慢，你以为你可以用自己的力量去克服它，于是说服自己不去管它。

我们不仅需要熟练地识别出这些行为模式，而且需要开展行动，因为它们会极大地影响我们努力的结果。有时这些行为模式是外部的，是我们需要对抗的环境因素；有时它们又是内部的，是我们的思维方式，可能会让我们做出错误的决策，或者让我们在无意中破坏了自己的成功。本章将告诉你如何找到这些模式，并让你学会克服它们。

绕过外部的障碍

错误的合伙人

正如我之前所说的，无论是在生活中还是在工作中，正确的伙伴是非常重要的。我常常看到这样一种模式：创始人认为自己对所在行业不太熟悉，需要找到一个行业背景深厚的人。于是，他们找到了一个符合条件的联合创始人，准备颠覆这个行业……但联合创始人对于行业的现状太过执着，不允许公司太远离常规。就这样，合作关系陷入了僵局，一方在拼命地往前推，另一方则在拼命地往后拉。这一情况也适用于已经成立的公司。有人想要创新，但到了某个节点，创新变得太不同、太可怕了，对创新者来说，放弃比坚持更容易。

这就是为什么，当你想要做一些真正创新的东西时，控制权是如此重要。不论做什么事，我们都必须想清楚自己是否真的需要一个合伙人，还是只需要一个拥有特定技能的员工。我看到过太多次，创始人将太多的股权和权力让渡给本该当员工的人，让他们成了联合创始人。当然，你可能会遇到问题，然后需要帮助，但即使这个问题被你找到的人解决了，这就意味着你真的需要一个束缚自己的合作关系吗？

针对这个问题，来自 Lively 的米歇尔·科代罗·格兰特有一套独具匠心的应对方法，她对自己的方法很有信心，每当我看到有人在建立并无必要的合作伙伴关系时，我都会想起这套方法。

"我首先会列一个清单，在上面标注出我害怕做的事情。"米歇尔告诉我，"在业务中有哪些领域我完全不了解？订单履行、客户服务还是数字营销？我需要填补所有这些漏洞。然后，我会开始在自己的人脉网络里寻找人才，建立在遇到问题或疑问时可以依靠的团队。对初创公司来说，有太多的小问题需要处理。但我可以找人咨询那些本需要首席营销官或首席财务官去解决的问题。我可以找人解决一个个单独的问题，我依然保持着对业务的控制权。没有必要执着于永久性，你可以自己去测试一些东西，看看到时候会需要什么。"

我喜欢这种态度。实际上，2018 年，宾夕法尼亚大学的两位学者对一个众筹平台上的几千个项目进行了研究，结果发现，与两人或更多人创立的公司相比，一个人创立的公司的存活率要高出两倍以上。当然，我并不是说你一定要独自创业，因为数据也显示，有两个或多个创始人的公司比那些只有一个创始人的公司更有可能进入"十亿美元俱乐部"。80%的十亿美元独角兽公司拥有一个创始团队。因此，拥有合伙人可以是一件好事，但前提是你真的需要他们，而不是需要弥补你的不安全感。

在对潜在的合作伙伴进行评估时，你也必须评估你自己：你是否真正重视他人的贡献，或者你们会不会一直有摩擦？比如，当我需要投资一家公司、做它的合伙人时，我会去找找有没有以下这些危险的信号。

- **紧张的迹象**。没有人会愚蠢到在一开始就向投资人表明，这段合作伙伴关系将走向难堪的境地，但作为一名潜在的投资人，如果我察觉到在和被投资人的互动中出现了任何微妙的摩擦，我都会由于这个原因退出，因为那个时候应该是他们表现得最好的时候，幕后发生的事肯定比当时的情况还要糟糕十倍。

- **对待变革的意见不一致**。通常来说，合伙人中有一个人会推动变革，还有一个人是该领域的专家。专家需要支持这套行业变革理论，否则他们的合作是不会成功的。如果你的专家仍然固守传统的行业思维，无论是因为害怕尝试还是因为觉得没必要进行尝试，你们都不应该成为共同创始人。

- **分工重合**。谁来负责做什么，依据的原因又是什么？是的，拥有相同的愿景比拥有互补的技能更重要，但如果你们掌握的技能都是一致的，或者分工的依据不是特别清楚，从本质上看，你们的合作关系就是有缺陷的。每个人负责业务的哪个板块，都是要有依据的。

- **性格不匹配**。公司可以像家庭一样，但合伙人不能像有缺陷的父母一样，在对待员工时一个比较好说话，而另一个非常严厉。如果员工知道了一个创始人比另一个更容易妥协，或者可以挑拨他们之间的关系，整个公司就会变得不稳定、容易被人利用。合伙人需要一起发声，保持意见一致，不要让员工、客户和投资人知道，哪个合伙人更容易满足他们的需求，而哪个不容易对付。

- **努力程度不一致**。有时候，一个合伙人工作得非常努力，另一个却不尽然。这对任何团队来说都是一个大问题。在这一点上，前海豹突击队成员柯特·克罗宁（Curt Cronin）深有体会，他在海豹突击队服役了 20 年，曾是美国海军特种作战研究大队的领导，退役后担任全球各大企业和组织的顾问。关于如何在身体上、心理上和情绪上达到巅峰水平，柯特可以教会我很多，因此我邀请他来训练迈阿密海豚队，帮助球员达到最佳水平，并在球场上尽可能地保持住自己的状态。柯特谈到，团队中的每个人都需要全力以赴，否则所有的努力都会白费："无论是海豹突击队队员还是其他人，要想做出超凡的事，就必须全力以赴。一旦有人开始犹豫，就没有人能全身心投入，飞轮就会停止转动。"每个人都必须全力以赴，否则怨恨就会滋生，事情就会失败。当合伙人的动机不一致时，我有时会看到这样的情况：一个合伙人有家族财富撑腰，而另一个对财富更加渴望，将其视作一次重要的机会。这是行不通的。如果每个人不能保证全力以赴，事情就是不可持续的。

糟糕的投资人

除了合伙人，其他的利益相关者还包括投资人，这也是你需要考量的。投资人非常重要，至少在你需要外部资金的时候是这样的。我反复看到过这样一种模式：犹豫或苛刻的投资人可能会成为你的阻碍。在选择投资人时，你的第一原则应该是：不要造成损害。

你可能听过 Juicero 这个初创公司的名字，它最终失败了。Juicero 做了一款连接无线网络的榨汁机，消费者可以选择订购该公司的服务，得到新鲜已切碎、直接可用来榨汁的果蔬袋。该公司的失败源于彭博社记者发布的一段视频，该视频

显示消费者可以自己用手挤压果蔬袋，这一点让这台售价 699
美元的机器看起来有点多余。网络媒体 CNET 称其为"证明
硅谷愚蠢的最佳例子"。

这款机器的优点其实是可以讨论的，坦率地说，它和已
经风靡了 20 年的胶囊咖啡机在本质上讲并没有太大区别。你
只需要一些热水和咖啡粉，就可以享用一杯咖啡——因此，
为什么要区别对待果汁呢？ 然而，在那段视频爆火的几个月
前，这家公司的投资人强迫 Juicero 的创始人兼 CEO 道格·埃
文斯（Doug Evans）辞职，转而聘请了一名可口可乐公司的
前首席运营官来掌舵，自此这家公司开始走下坡路。

如果你见到道格，十分钟之内你就能清楚地知道他是个
什么样的人；当你为他的项目写支票时，你也会很清楚自己将
从他身上得到什么。他的优点和局限性在你们第一次握手时
就会展露无遗。道格从不隐藏他的底牌，也从不掩饰他的动
力和愿景。在离开 Juicero 之后，道格现在住在一个蒙古包中，
主张豆苗饮食是文明的未来。任何投资道格的人都应该明白
自己最想要的是什么——应该是他身上的愿景和热情，否则
别无其他。如果因为他是道格而抛弃他，那么从一开始，就
不应该达成这个交易。

道格将 Juicero 作为一场长期游戏的开始——它不仅仅是
一台榨汁机，还是一个社区。机器只是一个入口，让人们进

入由互联网连接的一种生活方式，帮助人们获得健康和幸福。道格认为投资人并没有理解这一点，他们似乎只想要纪律和安全感，但这从来不是道格的风格。这单纯是个匹配错位的问题。"合适的投资人会支持创始人到底。"道格说道，"回顾 Juicero 的经历，我觉得我们犯了一些关键性的错误，我们走在了时代的前面。投资人觉得这生意完了，但我觉得它还没完。"

任何利益相关方都有可能阻止你将直觉转化为行动。如果你没有他们的支持，还要花费精力去迎合他们的需求，你成功的概率就会大大降低。除非你真的需要他们，否则不要给予他人权力。

没有足够的资金

虽然我建议限制投资人的影响力，但大多数公司都面临这样一个问题：他们需要投资人的资金，这一现实是不可忽视的。当资金耗尽时，公司就完了。差不多 25 年前，我亲眼看见过这样的情况。我在 Kozmo 网站的工作算得上我曾经做过的最好的工作，它是一家领先于时代的初创公司，当时智能手机还没有诞生。Kozmo 网站承诺在美国的九个城市为客户提供在一小时内送达货品的服务。公司筹集了数亿美元的资金，也亏掉了每一分钱。但在 1998 年至 1999 年间，其劲头似乎势不可当。当时我还在市长办公室工作，有一次 Kozmo

网站给我开出了不可能抗拒的薪资数额，让我加入他们，担任危机公关总监。虽然我最终还是回到了市长办公室，但当 Kozmo 网站找上门时，我决定冒险试一试。

乔·帕克（Joe Park）是这家公司的创始人兼首席执行官，那时他只有 28 岁，对未来有着非凡的洞察力。乔知道电子商务最终要解决"最后一英里"的问题，但当时的外部条件还不成熟。在 1997 年，人们依然不愿意在线上输入他们的信用卡号——"我们的客户中有 60% 到 70% 依然在使用拨号上网。"乔最近才告诉我。为了支持 Kozmo 网站所需的大型仓储和配送基础设施建设，他们必须尽快在每个地区达到足够大的客户密度，否则，每份不赢利的冰淇淋订单都会加速他们的灭亡。

为了做成这件事，他们急着建立品牌知名度，投入了大量广告费，并迅速扩大了配送区域——虽然这样做并不合理，但市场知名度和盈利能力并不是一回事。"我们应该换个做法，"乔现在回顾道，"我们应该意识到，我们需要再等待一段时间，等到市场做好准备。即使是亚马逊，在早期也经历过生死存亡的时刻，它在 1999 年和 2000 年筹集了 18 亿美元的可转债。几年前，特斯拉也一度步履维艰。Kozmo 网站是我们那个时代最大的三四家初创公司之一，但却没有足够的资金生存下去。"

乔提到了市场准备不足的问题，这也是我反复看到过的、我接下来会讲到的情况。

你无法预测什么时候成功

乔·帕克在三岁时从韩国来到美国，他的父母经营着一家干洗店，他最初的商业经验就来自他的父母。乔比其他人更早地看到了电子商务的未来，这也是为什么在 Kozmo 网站倒闭后，过了几年，杰夫·贝索斯会邀请他负责公司的广告部门，然后是游戏部门。但当时的市场就是还没做好准备。这种情况我见过太多次，我们太过心急，想要取得回报。我们经常被自己脑海中的想法迷惑，认为其他人也有这个想法，即使事实并非如此。我常常以为自己的想法来得太迟，但实际上它却早得惊人。当我准备要投资一家公司或一个行业时，我会痴迷地阅读我能找到的一切，让自己沉浸在这个领域中。有时这会让我误以为其他人也和我一样，但事实证明这只是个误会。

我曾有机会很早投资一家后来取得巨大成功的公司——一家电动垂直起降飞行器公司，但我错过了这个机会。错过的部分原因是我看见有十几家公司已经进入了这个领域，我以为我可能来晚了，高峰已经过去了，但说实话，我其实也不能完全肯定这一点。事实上，当事情过了临界点时，你是不会疑惑的，因为形势会变得极为明显。如果你不知道自己是来早了还是来晚了，我敢打赌，基本上都还处于早期，还有巨大的上升空间。

同样地，当你想要放弃一个想法时，先停下来问问自己：你这么做是因为自己感到无聊和不耐烦了吗？ 还是真的有退出的理由？ 熟悉感会滋生轻蔑。我们感到疲惫，听腻了自己的故事，但世界上的大部分人还没有听到过它们。

每当要做出重大冒险时，你都需要好好进行规划，给自己留出修正的时间。要做对是很难的；要准确预测出你何时会做对也是不可能的。也许短期来看你是错误的，但长期来看你像诺查丹玛斯[1]一样正确。我想告诉你，一个初创公司至少需要三年的时间才能稳定下来，五年才能开花结果。无论你们的产品是什么，都很少有例外。

◉ ◉ ◉

我在投资餐厅预订平台 RESY 的时候，再次对时机产生了怀疑，我们最终将它卖给了美国运通公司。饮食网站 Eater 的创始人本·利文撒尔（Ben Leventhal）和加里·维纳查克贡献了一个想法，我和他们一起推动落实了这个想法：餐厅并

---

[1] 诺查丹玛斯是法国历史上最著名的预言家之一，其作品《诸世纪》预言了未来将会发生的事情。——译者注

没有有效地利用它们宝贵的资源。为什么一家顶级餐厅周五晚上九点的价格和周二下午五点半的价格完全一样？我们认为能找到一种方法来挖掘其中的价值，但当时的市场并没有看到这一点，现在也依然没有。

然而，本意识到，顶级餐厅真正需要的是 OpenTable 的替代品。OpenTable 是网上订餐领域的巨头，它利用付费搜索来拦截顾客对餐厅的需求，等每次有人预订时再将其卖回给餐厅。OpenTable 凭借其主导地位创造了这一循环，许多餐厅老板对此感到愤怒却又不得不依赖它。

顶级餐厅并不需要 OpenTable 的服务，因为它们控制着自己的顾客需求，与 OpenTable 提供的老旧技术相比，实际上它们希望得到更强大的技术支持。基于这些发现，同时也意识到市场还没有准备好接受 RESY 最初的模式，本将公司业务调整到了为世界顶级餐厅提供卓越后端系统的方向，旨在打破 OpenTable 对这一领域的垄断。

事实上，业务一开始发展得并不顺利。团队筹集资金失败，资金几乎完全用光了。我们将团队搬进了 RSE 的办公室以稳定局面，我们不断迭代，最终将 RESY 以九位数的价格卖给了美国运通公司。我依然相信我们最初的价值主张，但当时的市场还没有做好接受它的准备，现在也没有。

◉ ◉ ◉

　　和乔·帕克的交谈让我想起了 Kozmo 故事的另一面。当时，不光市场还没有做好接受我们的准备，我们还被拉去和在同一条赛道但先我们一步的公司作比较。Webvan 是一家杂货配送公司，最终被称为历史上最大的互联网泡沫之一，亏损了近十亿美元。Kozmo 网站的商业模式其实是不同的（Webvan 花费了大量资金建设自己的仓库并购买配送货车），而且盈利的路径更短。但当 Webvan 倒闭后，就没人愿意继续投资 Kozmo 网站了。

　　当我试图推动亲属保险公司上市时，我也遭遇了相同的情况。是的，当时整个股市的下跌肯定是一个原因，但具体来说，公司的竞争对手河马保险（Hippo）的股价在不到一年的时间里跌了 90%。即使有领英（LinkedIn）的创始人雷德·霍夫曼（Reid Hoffman）站台，市场也依然强烈反对河马保险公开上市。河马保险和亲属保险实际上是不一样的，我相信后者的商业模式更加优越，而且我们有数据可以证明这一点，但机构投资人还是会把这两者进行比较。在保险技术市场的发展过程中，当时还为时尚早。这告诉了我们一个教训：如果你是早期参与者，你就需要确保自己是市场缔造者，不会被拿去和别的竞争者作比较。你需要成为第一个吃螃蟹的人，打造你自己的故事，由你自己决定生与死。当远远逊色于你的竞争对手垮台时，你还要确保自己不会因此而受到影响。

这些外部的障碍，包括合伙人、投资人、资金和时机，有时确实是致命的，但那些不太明显的模式往往来自你自身，而非外在的世界。

但不要忘记内省

你无法完成所有的事情

我经常看见这样一种模式：你是一名首席执行官，非常有能力。你非常了解你的事业，如果不是能力上的限制或时间有限，你非常愿意亲自处理每一件事。你雇用员工是因为你不得不这样做，而不是因为你想要这样做。所以，你最终为员工设定了一个不可能达到的标准，对他们进行过度管理，因为担心他们会失败而过早地介入他们做的事中。最终，你陷入运营的泥潭之中，而没有做一个首席执行官应该做的事情：扩大你们的规模，做好一个掌舵人，用你的愿景带领公司前进。这就是失败的典型案例，也是我看到的聪明领导者最容易掉入的陷阱。

大多数橄榄球队的主教练很容易犯这个错误。主教练几乎总是从进攻或防守协调员中提拔上来的，他们负责制定战术，因此在这方面逐渐变得十分擅长。然后他们升职了，突然间，要他们放弃自己赖以成功的技能，许多人接受不了。他们依然想制定战术，这意味着他们没能后退一步，没能站在更高的视角管理球队。同时，美国国家橄榄球联盟非常相信所谓的"天生领导者"神话，因此，新上任的主教练得不到任何岗位培训，人们认为他要么有这个能力，要么就没有。所以也不奇怪，为什么有那么多新教练在三年内就被解雇了。

即使是最好的战术制订者也需要超越自己，去适应主教练这个职位。"他们需要让自己更契合这个职位。"迈克·坦嫩鲍姆说道。

"他们需要有雇用优秀员工的自信。"雷克斯·瑞恩补充道，"我成为主教练之后，就不怕雇用最优秀的人当我的手下。我把和我一起竞聘的对手留了下来，因为我知道他们最终选择了我，所以我为什么会感到受威胁呢？我引进了年轻人、我认识的人，以及一些我虽然不认识但声誉颇高、能力颇强的人。我绝对想要最好的人才。"

但雷克斯毕竟是少数。许多主教练拒绝雇用比自己更优秀的人，因为他们担心自己的工作会受到威胁。请你不要陷入这种常见的、以自我为中心的陷阱。

◉ ◉ ◉

　　在商业世界中，情况更加复杂，因为不仅仅需要制定进攻或防守战术，还有太多的角色需要填补。好的领导者需要让自己在几乎所有的角色中都不再重要。

　　问问你自己：如果你住院了一周，公司还能正常运转吗？它必须能够运转。如果你担心别人比你出色，那就放低自己。你必须雇用比你更会处理任务的，还要对此感到庆幸而非怨恨。人们不想为那些只会微观管理的领导者工作，而想为那些重视他们、欣赏他们和信任他们的领导者工作。领导者最重要的工作是将优秀的人放在合适的位置，并帮助他们发光。

　　为了提升自己，你需要了解自己的优势和劣势。劳伦·布克和我谈到了在政治领域该如何建立战略联盟。需要找到和你志同道合的、有不同优点的人，这样你们的联盟才能奏效。你用自己的人际关系和技能帮助他们实现目标，他们也会用同样的方式帮助你。无论是在政治领域还是在商业领域，这都是通用的。你要知道自己能做什么、知道自己在什么时候需要得到别人的帮助。

　　创立无人机竞速联盟的尼古拉斯·霍巴切夫斯基向我们展示了什么叫无畏，他给予了别人闪耀的机会。"让自己继续做这些事情肯定更容易，"尼古拉斯承认道，"在很长的一段时间里我一直这样做，做的时间实在是太长了。但在某个时刻，我必须承认，我的权衡是不合理的。我知道我需要任命一名总裁，在所有要做的事情之中，给公司任命高管是最难的。高管选得不对，就是一场灾难。"

尼古拉斯在 C 轮融资后聘请蕾切尔·雅各布森（Rachel Jacobson）作为无人机竞速联盟的总裁。这是一个重大的决策，让他能退居幕后，而这是必要的。"她正是我们需要的人，能够推动我们的发展。"尼古拉斯解释道。蕾切尔投入其中，帮助公司迈向新的高度，与新的合作伙伴建立联系，将他们的电子游戏入驻顶级游戏主机平台等。没有蕾切尔，我不确定无人机竞速联盟还能不能再坚持一年，毕竟一个人无法独自完成所有的事情。

不要玩得太小

我很钦佩我在 RSE 的合伙人斯蒂芬·罗斯的一点是，他很明白我们必须做大，不能依赖风险自行缓解。当你有了一个赢家时，你必须记住：赢家是很稀缺的。这是"烧掉你的船"的终极时刻，你要全力以赴地支持这个赢家，因为，就像斯蒂芬常说的那样："你押注得越少，当你获胜时，你损失得越多。"

如果你感觉自己在单打独斗，要双倍下注就是很困难的。我们都害怕犯错。我的理性大脑常常干扰我的情感大脑。当我看到的事实也摆在其他人眼前时，我的理性大脑不明白他们为什么不会为机会欢呼雀跃。我的情绪大脑知道爱这种东西是主观的，我们需要跟随自己的内心。

当大脑和内心相互斗争时，我们很容易妥协。我们小赌一把，即使自己错了，也不会感到太难受。但如果一件事真的值得去做，我会全力以赴。我知道有些投资人喜欢"四处撒网"，到处投一点钱，希望用其中几个项目的收益来弥补其他项目的损失。我也这样尝试过，但最终意识到这种理念还有另一个名字，那就是"白费力气"。那些害怕全力以赴的投资人不是推动突破性成功的人。如果你想成为一名领导者，你必须去冒险，并引领他人。

《创智赢家》节目的忠实观众总能看到投资人坚持要求更多的股权，这是因为他们不想陷入玩得太小的困境。我们明白，无论我们拥有2%还是42%的股权，参与其中都需要耗费大量的精力，而如果我们只能获取2%的收益，我们就没必要花费那么多精力。做任何事情都有机会成本，把时间投入一个项目中，就意味着要放弃其他项目。

为了找到一个赢家，你通常需要观察成百上千个有潜力的项目或交易，这样做是绝对正确的。第一个约会对象不一定是结婚对象，因此，在写支票之前，你应该考虑清楚这笔钱能否被用在更好的项目中。最好的决策总是相对的。在任何情况下，你都不应该孤立地做出选择，而要和其他可行方案进行对比。但是，如果你找到了那些经得起比较和审视的赢家，不要犹豫，更不要放手。玩得太小会让你永远无法实现大的梦想。

不要被炒作所蒙蔽

当机会只被你一个人看到时，要孤注一掷的确很困难。但不要被这种恐惧影响，它会让你追随大众的脚步，以为别人懂得更多。当一个市场开始火爆时，投资人常常掉入这样的陷阱，容易盲目地进行跟风。他们会说服自己接受这种商业模式，因为担心错过这个机会。

Theranos 就是很好的一个例子，它是一家医疗健康科技公司，在被人披露公司造假前，已经融资了七亿美元，估值达到了 100 亿美元。创始人伊丽莎白·霍尔姆斯（Elizabeth Holmes）声称发明了一种革命性的技术，能够改变现有的血液检测规则，不需要使用针头，只需要在指尖取一滴血就能完成 240 项检测，包括检测胆固醇、衣原体、可卡因等。如果它是真的，这项技术将十分伟大，但事实并非如此。一切都没能阻止霍尔姆斯。她组建了一个星光闪闪的董事会，里面都是些赫赫有名的人物和八旬老人，包括亨利·基辛格（Henry Kissinger）、比尔·弗里斯特（Bill Frist）[①]、詹姆斯·马

---

① 美国参议院第一位外科医生出身的参议员。——编者注

蒂斯（James Mattis）[1] 和大卫·博伊斯（David Boies）[2]，霍尔姆斯利用他们的名气来引诱投资人。

老实说，当我看到 Theranos 董事会上那些如雷贯耳的名字时，我就感觉事情不对劲。我不确定那是欺诈，但我很清楚霍尔姆斯在进行一场误导战——橄榄球比赛上球员常常用这招来转移你的注意力，让你不知道四分卫究竟要怎么处理球。我问自己，如果要建立一个董事会来帮助我颠覆血液检测行业，我会选这些人吗？霍尔姆斯确实选了一个来自科学界的人，前美国疾控中心主任威廉·福格（William Foege）博士（在欺诈行为曝光后，他依然坚定不移地支持这家公司！），但董事会的其他成员都没有相关行业背景。2021 年秋，当伊丽莎白·霍尔姆斯接受审判时，科技博客网站评论道："除了福格，没有人懂诊断测试，也没有人了解背后的技术、挑战、物流、经济甚至是生物学……（像詹姆斯·马蒂斯这样的董事会成员）相信了霍尔姆斯和高管团队的话，认为这项技术是存在的。"

伊丽莎白·霍尔姆斯讲了一个很棒的故事，得到了媒体的诸多好评。披露的报告显示，该公司试图将其科幻梦想变为现实……但他们失败了，对此撒了谎，没有人发现这件事，

---

① 前美国海军陆战队四星上将，曾任美国国防部长。——编者注
② 美国著名律师。——编者注

直到亏钱太多真相才浮出水面。2022 年，霍尔姆斯因为欺诈投资人被判决四项罪名，在审判过程中，她吐露了自己是如何伪造演示和报告，以及如何夸大财务状况的。

Theranos 的故事是一个非常宝贵的教训，它告诉我们，不要被错误的理由引诱。如果某件事在你的大脑中引发了情感反应，试图安抚你甚至都没有意识到的恐惧，你必须在陷入自满前问自己：我是否被操纵了？

这个陷阱针对的是我们大脑的弱点。这就是所谓的"效用层叠"，一个推动虚假新闻传播的恶性循环：一个故事传播得越广，它就越可信，传播性取代了准确性，人们更有可能相信他们一直听到的东西。蒂穆尔·库兰（Timur Kuran）和卡斯·桑斯坦（Cass Sunstein）教授对这种现象进行了研究，发现虚假信息也会得到传播，因为人们认为，既然他们听到了这个消息，那它就一定是真的。

有些不地道的企业家会利用这一点，通过媒体炒作自己的公司，争取大人物的支持，让人们觉得所有"时髦的人"都在支持它。你不想被落下，因为你预设别人一定很清楚他们自己在干什么，所以你也跳了进去。该研究谈到了"可得性企业家"这个概念，这些人了解这种动态，并利用这种动态推动自己的事程。当然，你可以利用"博傻理论"来赚钱，这个理论认为每天都有新的"傻瓜"诞生，你可以利用他们来支撑公司的估值并给自己带来丰厚的回报。但我向你保证，因果报应是真实存在的，这样的投资策略即使在一段时间内是有效的，诱使他人做出这种不道德选择的行为最终也会毒害你自己。我更喜欢那些真正创造价值的企业家，他们不会一直试图说服我相信他们的业务是很扎实的。

有时我们必须放手

我们都热爱自己的事业，无论是对我们自己还是对这个世界，我们都不想承认自己的失败。这就是为什么，当现实告诉我们不可能成功时，我们还会去追逐那么久。创业者丹尼·格罗斯费尔德（Danny Grossfeld）曾来到《创智赢家》，销售他配有保温箱的罐装即饮热咖啡。很显然，它在日本很流行，但在美国却不吃香。丹尼一直尝试将它销往有需求的地方，比如杂货店和电影院，但六年过去了，他收获的只有问询，没有销售。丹尼已经从亲友那里投资了 200 多万美元，其中包括他自己的 50 多万美元。

丹尼在节目中也遭受了质疑。罗伯特·赫尔贾维克（Robert Herjavec）指出美国到处都是咖啡店，不像日本，这种产品在美国玩不转。马克·库班则表示他喜欢这个概念，但讨厌这个业务，他说："这块巨石会掉下来把你压扁的。"

对任何人来说，市场对其产品缺乏兴趣都是一个致命打击。洛丽·格雷纳告诉丹尼应该"止血"，凯文·奥利里表示，如果一个企业超过 36 个月没有盈利，就应该"把它带进谷仓并射杀"。我认为凯文的经验之谈可能有点过于简单化，毕竟亚马逊花了九年才盈利，但至少它有自己的用户、营收和发展动力，这都是人们关注的重点，而丹尼却一无所有。

我们之所以会坚持得太久，部分原因在于沉没成本谬误，即我们已经把资金投入一个项目中了，即使该项目是有缺陷的，我们也认为自己有必要继续投资。这也被称为"花冤枉钱"。请不要这样做，你需要看到它是否有发展潜力，当市场已经做出回应时，你就不能继续当鸵鸟。我发现融资轮次上有个临界点，可以帮助我们观察到这一点。如果你都跟到了 E 轮，但公司还需要继续融资，你就已经走到无法回头的地步了。经过这么多轮融资，很明显公司出现了大问题。当融资到 F 或 G 轮时，你要么已经盈利，要么已经卷铺盖走人，很少有例外。实话实说，随着融资轮次的增加，首席执行官和管理团队的股份会逐渐被稀释，每一笔融资都可能带来更令人绝望的投资条款。当你走到那一步时，你不是在烧掉你的船，而是在关紧舱门，寻找一条出路。

到了某个节点，你必须再问问自己以下几个难题。

- ◉ 这是问题的解决方案吗？
- ◉ 还有什么别的领域值得我投入时间和资金？（也就是机会

成本！）

⊙ 我是否真正在利用已经付出的努力和资金，或者只是在自欺欺人地相信自己正在取得进展，好为自己的坚持找到理由？

⊙ 就像第五章中问的那样，如果给我机会选择从头开始，我还会选择这项事业吗？

　　人们总是担心，如果放弃了自己的梦想，他们就永远不会有其他好点子了。但是，成功者的一生中不仅仅会出现一个好点子。好点子就像房地产行业中的房子一样，第二天总会有新的出现在市场上。

　　有时候情况并没有那么夸张，需要你将自己的想法整个抛弃掉，更多的时候，你要找到正确的转变方式，就像埃米特·夏恩及其团队做的那样，他们决定不再从零开始孵化自己的品牌，而是收购已有的品牌来加速它们的发展。成功者总是在不断迭代自己的想法。宇宙是仁慈的，它总是会在为时已晚前为你提供一个再次调整航向的机会。成功的人之所以与众不同，是因为他们不仅能修正自己的航线，而且还是主动去修正的。他们在积极地使用我所说的那种"小型火箭"。

　　我喜欢将实现任何重大目标的过程比作发射航天器的过程。大型助推火箭利用 700 万磅的推力将航天器送入地球大气层的初始轨道，这就是一个重大的决策。但航天器上也配备了一些小型火箭，它们被称为持续推进器。在发射阶段，这些小型火箭对升空几乎没有用处。然而，在航天旅行的过程中，持续推进器却起着至关重要的作用。即使航天器只偏离了轨道几度，最终也变成一团火球跌落大海。这些小型火箭里的小小火焰将带领航天器重回正确的轨道。卓越的领导者会在一切都失控前使用他们的"小型火箭"。

无论你的公司有多好，也许你都不是适合领导它的人

接下来是我要讲的重头戏，即使一切都已完美就绪，接下来要讨论的这些模式也会让你注定失败。我见过许多这样的例子：公司很棒，领导者也很棒，但两者并不匹配。本·雷勒（Ben Lerer）是我最喜爱的投资人之一，他将其称为"创始人和产品的匹配度"。有时候创始人也知道自己和公司并不匹配，但还是不愿放弃自己创立的事业。你必须记住，"可以做某事"和"应该做某事"并不能画等号。你真的愿意花费未来三年、五年甚至是十年的时间来体验这个旅程吗？ 我们各不相同，我们的热情、兴趣和欲望都是不同的。

我知道不是每个人都同意我的看法，但我不愿意支持那些不能为自己的梦想而活的人。我更愿意支持那些有使命感

的人，即使他们解释不清个中原因。那种神秘的力量将带领他们度过创业的艰难时刻，当然，这条路上的困难无处不在，即使在光景最好的时候也是如此。你可以是一名很棒的运营官，但如果你对你的事业没有那种使命感，我就对你不感兴趣。我希望感受到，好像是宇宙或某种神圣的存在——无论你怎么称呼它——此刻将你放在这个世界上，让你去追逐自己的梦想，无论你的梦想是什么。我想看到你体现出一种必然性。

或许这可以称为"爱好保险"。毕竟沿途有太多曲折、挑战和危机，很多时候人们容易做出错误的选择，因此，一家公司需要一个疯狂到可以牺牲自己，以让公司取得成功的领导者。每当我听到有人说"只要你能支持我，我们就可以一起做到这件事"时，我都会带着恐惧跑得远远的，因为如果你不能相信自己，认为即使没有我你也能成功，你就不是我要找的那个人。

我犯过的最大的错误就是假设想法比人更重要。我想看到公司与其掌舵人契合紧密，就像拉德斯旺的弗雷迪·哈勒尔和克里斯蒂娜·托西一样。因此，每当看到一个机会，我都会反问自己：这位创始人热爱自己的事业吗？他的热爱能否支撑他度过最黑暗的日子？你需要这种热爱。我的一位朋友最近向我提出了一个想法，她说她想创建一个全国范围内的电动汽车充电站网络，就像升级版的加油站，并且配有高端的商店和服务。这是一个资本密集型的行业，她需要了解场地的规划和分区，并且愿意花费几年时间来建设它。

她说想让我来把这个想法落地，我笑了，单有一个想法是没用的。难道我会为了这个想法，为了这一点成功的可能性，去重新调整我的生活吗？任何事情都取决于执行力，除非我能全身心投入电动汽车充电站这个项目中，否则我拿不出足够的执行力。事实上，我没有这份执行力，我告诉她："如果你有，你就去做吧。"

同样地，当我察觉到有人在担心他们的想法会被人窃取时，我会把这样的人划掉。除非我们真的在讨论还未得到充分保护、需要保密的发明，否则就没有什么可担心的。你无法窃取一项成功的业务。如果你担心它会被窃取，这就意味着你没有任何成果、没有任何专利、没有任何有价值的东西。执行力才是一切。如果你不能成为实现某个愿景的最佳人选，就换个目标吧，因为它不是你的愿景。

或者你还没准备好成为一名领导者

当机会来临的时候，并非每个人都做好了成为领导者的准备。这本书里总结的经验教训可能会帮助你实现这个目标，或者至少你应该朝着这个目标努力，但大多数人并没有站在台前的天赋。我们需要不断磨炼自己才能达到这个境界。我曾经支持过一些公司，尽管我知道其创始人还没有做好准备，但我相信一个好的想法可以弥补创始人的不足。然而，事实并非如此。一个卓越的创始人可以抵消坏点子带来的不利影响，但一个好的点子却会被一个无能的创始人拖累。我曾经相信，一个想法如果是变革性的，就自然会展现出它的价值，但事实证明我错了，这是根本不可能的。

然而，反例却时有发生——一个卓越的领导者绝对会不断迭代自己公司的业务，从而打造一个世界级的企业。想要实现这一切需要什么呢？需要拥有恰到好处的自信和谦虚。虽然说起来很容易，但一个人若看不到这点，要培养他的这种品质几乎是天方夜谭。你需要相信自己能做到，并且不惧于根据实际情况进行转变；你需要有勇气承认自己的错误，然后依据信息立刻采取行动，让自己走在正确的道路上。当改变势在必行之时，我可以根据首席执行官做出决策的速度来预测他是否会失败。如果你需要在左舷看见冰山时才开始调整航向，就已经太迟了，你终将失败。

恰到好处的自信和谦虚能确保你不会因需要改变而感到难堪。如果一名领导者没有这种品质，就像意大利人说的那样，"il pesce marcisce dalla testa"——我把它总结为"鱼从头开始腐烂"，我就会转向新的公司，寻找敢于在合适的转折点追寻自己梦想的人。一旦我找到了正确的人选，我就会不遗余力地支持他们。

◉ ◉ ◉

在哈佛商学院的课堂上，我花了超过三节课的时间讲述 immi 的故事，这是家主打健康拉面的公司，我在写这本书时，它的故事还在不断展开。我询问学生是否应该给 immi 写一张价值 25 万美元的支票，成为该公司的首位外部投资人。学生们感到很兴奋……直到我告诉他们，该产品的公测版本口味糟糕，几乎收到了一致的差评，以至于该公司不得不停止营销和售卖他们的拉面，以平息社交媒体上的怒火。理所应当地，听完这个故事后，没有人再举手支持我给他们写支票。谁会支持一家卖的食物无人想吃的公司呢？

然后，我邀请了 immi 的两位联合创始人凯文·李（Kevin Lee）和凯文·昌塔西里潘（Kevin Chanthasiriphan），一看到他们，你就知道他们是为销售蛋白质拉面而生的。他们有高度的自我意识，知道哪里出了问题。他们回到测试厨房，纠正了所有的数据，带着他们的直觉，研发出了 2.0 版本。

在课程的尾声，两位凯文谈到，许多食物都成功进入了健康潮流的赛道，但其他地域的食物却还没加入这个潮流中，同时，他们还概述了自己的发展路径。听完这一切，所有人都举起了手支持这家公司，而我也会支持它。（那节课之后又过了15个月，一个全新且经过改良的 immi 与全食超市达成了合作，产品销售火爆，他们甚至来不及补货。）成功者不仅懂得如何迭代，而且能吸引别人加入自己的事业。自我意识向支持者传达了一种安全的信念。当你遇到一个具有高度自我意识的人时，即使你意识到他可能走在错误的道路上，你也会下意识地认为："他会找到解决办法的。"你会本能地相信，当船搁浅时，这样的人会修正航线。

◉ ◉ ◉

自我意识的反义词是什么？也许是无知，也许是妄想。而我决定不向某人投资的最重要原因是，我感觉他在隐瞒些什么，或者他没有意识到，自己实际上什么也隐瞒不了。所有的问题最终都会浮出水面，这就是你为什么需要走在问题前面。在它们完全占据你之前，你需要找到它们。

柯特·克罗宁谈到了对话的缺失，以及我们为什么需要把所有事情摆到台面上讲，无论这有多难，无论这会让我们感到多么不舒服。"我在海豹突击队最难说出口的话，"柯特告诉我，"是在事情出错之后，将可能出错的原因大声说出来。我们不能依赖自己的假设，我们必须开诚布公。"

"人们害怕说出那些难以启齿的话，"柯特解释道，"因为我们设想出了最坏的情景。但我们没有考虑到不进行这些对话的代价，以及与直接交流相比，去猜测别人想法和感受的效率之低。"

我发现糟糕的领导者总是试图回避对话。他们总想回避那些自以为我不会在其业务中发现的事，而不是和我携手一起解决问题。当我还在麦当劳打工时，我第一次知道了人们习惯于隐藏各种事情。没有人注意时，他们会制造麻烦（比如把口香糖粘在桌底），然后让别人给他们收拾烂摊子。我在那个肮脏的聚会区域里看到，一个人可以把任何事物或任何企业打造得很精致，但隐藏在表面下的东西才是它真正的样子。

最好的情况是，领导者和你并肩作战，积极寻找缺陷。好的领导者，无论是对他们自己还是对事业，都保持着强烈的求知欲。我告诉别人，不要去挑毛病，而要去修补毛病。无论是修补毛病，还是向精明的投资人展示自己，抑或是想办法让公司变得更好，这些都会让一名卓越的领导者兴奋不已。

如果我察觉到有人在隐瞒真相，或者不够真诚，那么，他究竟在隐瞒什么其实并不重要，因为我已经知道了我想了解的东西。我无法和那些将发现视作威胁的人合作，也无法和那些不能完全投入或完全开放，还没有做好准备开展艰苦工作的人合作。我在寻找关于透明度的信号，比如，当一个人不了解某事时，他能大方承认。没有人什么都知道，投资人能理解这件事。我不想要一个只会试图安抚我的创业者，因为我知道他只是在尽力达成一项交易，而不是在做他该做的事——去思考一切是否真的匹配。

◉ ◉ ◉

在我决定要全力以赴达成一项交易前，我会验证自己的直觉，而其中的一种验证方式效果虽好，但出人意料的是，它并未被更多人使用。在私募股权投资领域，一个常见的错误是人们花费大量的金钱和精力聘请专家来审查企业的财务状况，却没有聘请一名心理学家来深入了解企业的掌舵人。当我即将晋升为纽约喷气机队的高层时，他们让一名产业心理学家对我进行了一整天的测试（有面对面的交谈也有纸质版的测试），以探究我的思维方式、领导风格、缺点和对世界的错误认知。我一开始觉得自己被冒犯了，后来发现不少人也有同样的感觉：为什么在升职前我必须见心理学家？我还没有证明自己的价值吗？我主要担心的是，这些测试会坐实我脑海中的声音，那个声音一直称我为"冒牌货"。

但这件事改变了我的人生。

我从中更了解自己了，最终我才知道，这就是区分赢家和输家的方式。现在，每当要达成重大交易时，只要能将其作为我开出支票的条件，我都会邀请自己最欣赏的产业心理学家劳拉·芬弗博士坐镇。在做重大交易时，我不想没有她。让一位经验丰富的专业人士花费三个小时来探究一个人心灵深处的黑暗角落，测试结果会被白纸黑字地记录下来。顺便说一下，那些抗拒做心理测试的人表现得往往最糟糕。他们没有意识到，别人的反馈其实是一种馈赠。

我职业生涯中最大的失误是，我忽视了报告，或决定跳过两三个关键句子，而它们其实揭示了隐藏的真相。经过 30 多次分析，真相就在其中。因此，为了更好地结束这一章，我和卓越领导力咨询公司（Leadership Excellence Consulting）的负责人芬弗博士进行了对话，探讨她在工作中经常看到的一些模式，以及她在评估领导者时关注的点。以下是芬弗博士在合作过的人身上经常看到的五种模式，它们让大大小小的公司领导者偏离了正确的方向。

- ◉ **过分依赖原始智力。**一方面，智力是成功的先决条件，它会推动问题的解决，让你学会战略性地思考，为公司制定出可行的愿景。另一方面，智商必须与情商相结合，而所谓的情商，就是与他人合作和独自工作的能力。你需要接受调整和改变，也需要接受反馈。如果你想成为一名优秀的领导者，你还需要给出反馈。

- **对权威过分顺从。** 当然，不管你在什么位置上，你总会想倾听所有利益相关者的意见，毕竟你也不想成为人际交往中的"恶霸"。但你需要有捍卫自己信念的自信。表现优秀的人敢于直言不讳，不害怕发生冲突。"我有时会感到很惊讶，"芬弗博士告诉我，"有些人太害怕遇到不同的意见。"你需要明白你在和谁打交道，芬弗博士提示道，如果那个人（比如你的老板、投资人或合伙人）不能容忍别人的意见和他不一样，你就不可能通过一直顺从他的方式来解决这个问题。

- **不了解办公室政治。** "缺乏政治敏感度是你在一个组织中晋升的巨大绊脚石。"芬弗博士说道，"你需要包装你的言辞，选择合适的时机。你需要有人际交往的意识，知道如何与组织里的每个人打交道，因为每个人的作风都不一样。"换句话说，你需要思考怎么做才能博得别人的好感，而不是让别人厌恶你。

- **不承认别人的功劳。** 芬弗博士在评估一个人时会非常注意对方的语言。她注意到，当人们谈论在工作中获得的成功时，有的人会用"我"而不是"我们"。"通常这不可能只是他们一个人的功劳，所以这折射出了他们对身边人的重视程度。"芬弗博士评价道。

◉ **回避问题**。芬弗博士还注意到，有的人试图回避问题，或者只顾介绍自己的议程，而没有真正倾听和回答她的问题。"他们不想展现出弱点，或者他们在隐藏些什么。"这又回到了我之前提到过的"致命缺陷"：不诚实且不真诚。你不可能把时间都花在愚弄他人上，这是显而易见的，而且这样做最终会给你带来麻烦。

好消息是，你可以改进这些方面。第一步是，你需要认识到自己的弱点，愿意成长和提高。当你能做到这一点、能打破这些模式时，你最终就会到达彼岸。你会烧掉你的船，继续追逐你的梦想。

那么，接下来呢？

人生不是一次单程旅行。

我们都明白完成一件事的感觉是多么令人满足——这是一种"实现"的感觉。但有时我们会忘记，启程时的自己是多么开心、期待、兴奋和渴望。一旦锁定了新的目标，你会陶醉于这样的时刻，你会感到异常渴望，就好像自己可以改变整个宇宙。

当你抵达终点时，在喘息之前，你应该看到更远的目标。请享受自己的胜利，但同时，也不要忘记问自己一个问题："接下来要做什么？"

第三部分

建造更多船只

第七章
巩固你的成果

谈到"再创新高"这个词时，我首先想到的是马克·洛尔，他曾数次创立企业又转手卖掉它们。1999 年，马克创立了 The Pit，一个互联网收藏品交易平台，但仅仅过了两年，他就以 570 万美元的价格把它卖给了体育卡片业的巨头托普斯。然后，在 2005 年，马克将自己创立的 Diapers 网站以巨额价格卖给了亚马逊，接着他又创立了 Jet 网站，这是一个对标亚马逊的购物平台，其年费价格比亚马逊 Prime 会员低，定价算法也更优越，最终该公司被沃尔玛以更高的价格收购。

马克于 2021 年 1 月离开沃尔玛，并宣布要建造一座"未来之城"。"他认为没有人的工作通勤时间应该超过 15 分钟，"《明星论坛报》的吉姆·苏汉（Jim Souhan）写道。"所有垃圾都应该存放在地下，所有车辆都应该是自动驾驶的……（马克的目标是）建造一个融合纽约、斯德哥尔摩和东京最好的部分的城市。"但马克的雄心并不局限于城市本身。马克对

《财富》杂志说："我正努力缔造一种全新的社会模式，到时候，财富的创造过程将会更加公平。"马克将这种新的经济模式称为"平等主义"（Equitism）："将财富返还给公民和群众，因为他们帮助创造了这些财富。"到 2030 年，马克计划在美国人烟稀少、地价便宜的地方"种下"这座名为"特洛萨"（Telosa）的新城市，"特洛萨"在希腊语中的意思是"最高目标"。到时候，这里会聚集五万名各种各样的寻求全新生活方式的公民。

除此之外，马克最近还创办了 Wonder，这家新公司我也投资了，它致力于将高级料理直接送到人们的家门口——Wonder 使用配备厨房的货车，由厨师在顾客家门口现场制作米其林级别的料理并摆盘。它提供的是按需定制的家庭用餐服务，旗下拥有多名顶级厨师，比如巴比·福雷、马库斯·萨缪尔森（Marcus Samuelsson）、南希·西尔弗顿（Nancy Silverton）和乔纳森·韦克斯曼（Jonathan Waxman），他们授权 Wonder 复刻自己的菜单并进行送餐服务。福雷对《纽约邮报》表示："他们完美复刻了我的菜。"Wonder 刚刚以 40 亿美元的估值融资了 4 亿美元。

如果这还不够，与此同时，马克刚刚成为美国职业篮球联盟的明尼苏达森林狼队（Minnesota Timberwolves）和美国女子职业篮球联盟的明尼苏达山猫队（Minnesota Lynx）的联合所有人，其他联合所有人还包括《创智赢家》的嘉宾投资人阿莱克斯·罗德里格兹（Alex Rodriguez）。

马克令人着迷的地方在于他的行动力，他不断地追寻并做成自己的事业。建立 Diapers 网站的经验是否指导了他该怎么建设 Jet 网站？这是肯定的。建设 Jet 网站的经验是否指导了他的下一步行动？这也是毫无疑问的。马克汲取了这些经验，巩固了自己的成果，并开启了下一段旅程。当你到达了一段旅程的终点时，你会做什么？当然是烧掉你的船，重新开始。

要想拥有这种持续成长的心态，以下有四个原则可以指导你。

利用你目前拥有的每一项优势

我会告诉橄榄球运动员，要为自己退役后的职业生涯做准备。他们中有很多人都有自己的梦想，比如投资房地产行业、制作电影、成为美国娱乐体育节目电视网的评论员，或是增加自己的财富，但他们只想在退役后再考虑这些问题。我告诉他们，他们正在错失利用自己最大优势的机会：它就是影响力。人们乐于告诉别人，自己正在和一名美国国家橄榄球联盟的球员合作——一名现役联盟球员。一旦他们退役了，他们的号召力，也就是激发人们行动的能力，就会急剧下降。

他们对世界来说不再那么有趣或有关联性。这很残酷吗？ 当然很残酷，我的工作就是给他们递嗅盐 ①，防止他们在醒来时发现为时已晚。

这些球员该如何利用他们现在的地位呢？ 首先，他们需要搞清楚，自己退役后想要什么样的生活，然后从现在就开始进行安排。许多橄榄球运动员都会接到别人的电话，希望他们投资其公司或参与某个机会，但我告诉他们不要理会这些电话，而要自己去打电话。无论他们想做什么，几乎没有人不会给他们回电，几乎没有什么是实现不了的。

我知道有些橄榄球明星采纳了这个建议，和一些知名人士如沃伦·巴菲取得了联系，让后者指导并帮助谋划自己的未来。亿万富翁会接听任何人的电话吗？ 当然不会，但明星们拥有特殊的地位，他们可以利用这一点获得优势。拜伦·琼斯（Byron Jones）就是一个很好的例子，他是 2015 年首轮选秀中的球员，于 2020 年与迈阿密海豚队签下一份五年期合同，薪水高达 8200 万美元，其中超过 5000 万美元是保证收入，这让他成为当时美国国家橄榄球联盟中薪酬最高的角卫。拜伦的生活哲学就是为未来做好准备，要制订一个计划，不仅要为现在发生的事做好准备，而且要为尚未发生的事做好准备。拜伦知道他不可能当一辈子的橄榄球运动员，这只是第

---

① 嗅盐是一种药品，能让人在闻后减轻昏迷或头痛。——译者注

一步而已。"我一直知道自己将会进入美国国家橄榄球联盟，"拜伦告诉我，"但实际上，我在大学做了两份实习，一份在州首府，另一份在国会，这些都是在为我退役后的生活做准备。"

在大多数球员还没考虑过未来时，拜伦已经在为未来筹谋了。事实上，他在签约后不久就给我打了电话，向我请教投资问题，想知道如何将他保证能拿到的 5000 万美元变为 1 亿美元，甚至更多。拜伦告诉我，在签约之前，他每个月的生活费只有 1 万美元，签约后提高到了每个月 1.3 万美元。这听起来很多，但你要知道，有些纽约市千禧一代的生活费远超于此，而且他们还不是拥有八位数保证收入的橄榄球联盟明星。拜伦告诉我："签约之后的前四年，我一直按照这个预算生活。"

进入美国国家橄榄球联盟，对拜伦来说也是一次精心的计划。在选秀之前，拜伦特别留意了那些在联盟新秀训练营中将会被评估的技能，联盟会在新秀训练营中对那些顶尖的大学球员进行测试。"在参加新秀训练营前的几个月里，我实际上正在等待我的肩膀康复，所以我无法训练。但这并不意味着我不能进行其他准备，我注重营养、进行体重管理、观看录像。我想知道新秀训练营里究竟有什么，他们会评估我们的哪些方面，我们会做哪些动作。"

新秀训练营里有一个项目是立定跳远，拜伦一直很擅长跳远，八岁时，他参加了该项目的全国田径比赛。拜伦认为，如果他能将精力集中在立定跳远上，他在这个项目上就可以变得出类拔萃，能从人群中脱颖而出。"新秀训练营是一个为期三天的高强度训练营，是我人生中最令人激动的时光，"拜伦回忆道，"那里有 X 光，还有核磁共振成像，最后是田赛项目。我的立定跳远训练成绩是 11.3 英尺或者 11.4 英尺。比赛时，我的第一跳是 11.6 英尺，第二跳达到了 12.3 英尺。我从未想到自己可以跳过 12 英尺，我只是努力保持冷静，表现得好像这一切都理所应当似的。"

拜伦可能在试图让这一跳看起来稀松平常，但他比联盟历史上的任何一位球员跳得都要远 8 英寸。事实上，拜伦这一跳的成绩超过了立定跳远的官方世界纪录，他目前仍保持着非官方的立定跳远世界纪录。

那么，该如何将自己的 5000 万美元变成 1 亿美元呢？拜伦问了我这个问题，我向他提出了一个计划。我告诉拜伦，他可以利用自己独一无二的资产——那个跳远纪录——把自己变成一位明星。想象一下，他可以在短视频平台上发起一场活动，跳过一系列疯狂的事物：两座摩天大楼之间的缝隙、数百片克里斯蒂娜·托西的饼干……我总是在寻找吸引媒体的方式，好让他们关注我的公司。拜伦可以在社交媒体上大放异彩，积累粉丝，成为社交媒体上的流量明星。

拜伦打断了我。"我不想掺和社交媒体的那些东西，"他说，"我想成为一名专业的投资人。"拜伦会逐渐变成一名橄榄球巨星，他将有时间去规划自己的未来，但我告诉他，在当今这个世界，不同领域之间的界线已经日益模糊。如果人们认识你，并且愿意和你合作，你就能获得最好的投资机会，成为一个更好的"专业"投资人。拜伦的优势在于他所在的平台让他成了一个受人瞩目的杰出人物，他可以利用自己的影响力来支持许多公司。这是非常有价值的。也许推动拜伦实现这一切的契机是他的跳远成绩，或者其他的一些东西，但我知道拜伦正在思考，他会为自己的未来做出明智的选择。他将收获巨大的成功，其范畴远远超过橄榄球本身。

◎ ◎ ◎

橄榄球明星的优势显而易见，但这并不意味着这些道理就不适用于其他人了。可能你不是橄榄球明星，但几乎可以肯定的是，橄榄球明星也没有只属于你的独特筹码。实际上，我们每个人都有自己的筹码，无论它是一种品质，还是一种环境，或是一个故事，它都可以带领我们走向梦想的彼岸。在麦当劳工作时，我的优势就是我愿意成为最好的口香糖清洁工，并且我是带着微笑工作的。我告诉那些刚刚被解雇的人：你的优势是你现在不再受缚于一种固定的思维，你自由了。被围困在一个系统中时，你很难用清晰的眼光去丈量这个世界。所有的选项都被摆到了桌子上，你可以重新开始，真正想清楚下一步该做什么。你的筹码是什么？

好好地想一想：

- **你比其他人更擅长做什么？** 拜伦·琼斯是跳远，克里斯蒂娜·托西是烘焙，那你呢？

- **你接触过什么特殊的人或事物？** 你可能觉得自己没有接触过他们，尤其是如果你不认识任何亿万富翁的话。但我们做的每一件事都会让我们接触到少数人所看到的特定世界。当我在帮助建设"9·11"事件纪念馆时，对于分区问题和土地利用的深刻洞察让我成了一个完美的人选，去帮助一支橄榄球队建设一个新的体育场。这样的联系对每个人来说都是显而易见的吗？ 不是的，但我所拥有的知识让我变得独一无二。在更大的领域中寻找机会，当你知道自己拥有它所需要的见解时，就不要因为缺乏专业领域的知识而踌躇不前。

- **你过去或现在的生活，如何赋予了你观察世界的特殊角度？** 我之所以会想到辍学，取得高中同等学力证书，然后直接上大学，是因为我母亲作为一名成年人也是这样做的。如果我出生在别的家庭，从未看到过这种模式，几乎可以肯定的是，我不会想到这种方法。

一切都取决于你看待问题的角度。我可以把童年的不幸看作我人生的绊脚石，或者将其视作一种恩赐，让我能看见别人所经历的困境，给那些克服困难的人以同情，了解一个人在身处低谷时需要什么。我可以利用这些知识来帮助打造品牌，改变那些需要帮助的人的生活。这并不是我唯一可以利用的筹码，但绝对是其中之一，而你也有很多专属于你的筹码。

◉ ◉ ◉

同样的原则也适用于企业本身：找到可以利用的筹码，然后推广出去。虽然我并不喜欢吃甜食，但投资 Milk Bar 多年的经历使 RSE 积累了宝贵的经验，知道如何扩大一个烘焙品牌。当听说木兰面包店（Magnolia Bakery）正在出售时，我们知道可以利用 Milk Bar 的经验，将这个备受喜爱的美国品牌恢复到它应有的位置。在《欲望都市》（Sex and the City）大火的时期，木兰面包店曾是流行文化的宠儿，是凯莉·布雷肖（Carrie Bradshaw）在西村的长凳上纵情享受纸杯蛋糕的地方，但时过境迁，木兰面包店在某种程度上已经被人遗忘了。然而，在星期六的早上，走在布利克街（Bleecker Street）上，你会看到来自世界各地的游客正围着街区排队，想要购买香蕉布丁。人们对木兰面包店的喜爱已经持续了 20 多年。

在疫情期间，我和团队收购了木兰面包店。我们很清楚，我们在 Milk Bar 积累的经验——把烘焙明星产品变为全美消费者都可以享用的包装食品——是我们扭转业务方向的筹码。

这个品牌之所以蛰伏了 20 年，是因为资源不足，而现在我们有能力让它得到应有的推广。我们最终聘请了一位首席营销官，并建立了基础设施，将香蕉布丁销售到全美各地，我们的网上销售额从 90 万美元增加到了 1000 万美元。接下来该做什么？那就是进军全美各地的零售店。我们的优势是什么？是品牌的知名度。接下来的事情就变得很简单了，因为我们已经拿到了剧本：尽可能地扩展渠道，让消费者能买到产品，同时保留特殊体验，让人们愿意来纽约西村排长队——当然，现在对斯蒂芬·罗斯的哈德逊城市广场项目来说也是一样的。

大跨步，而非渐进式进步

我们所做的每件事都是有机会成本的。我见过很多人认为他们需要通过努力赢得下一步的机会，为前进付出代价，等待世界认识到他们的潜力，把他们从现有的角色中拯救出来，以实现他们梦想中的未来。但我可以向你保证，这样的未来是等不来的。

当看到朋友们在等待一个又一个的晋升机会时，我不禁摇了摇头，他们以为自己正在攀登通往顶峰的阶梯，但有一天某个外人却空降到了组织。那个忠心的员工不再是老板的宠儿，他的职业道路停滞不前。我曾两次离开市长办公室，而不是等待着他们有一天给我升职加薪。通过离开，我加快了自己的脚步，因为我不再受困于他们的等级制度，可以以更高的层次回归。

放弃渐进式的道路听起来有违直觉，特别是在我们恐惧时。我们觉得应该慢慢来，先做出微小的改变，最终带来有意义的进步。但这只会延长我们的旅程，给我们更多退缩的机会。

杰西·德里斯经常和我辩论这一点。杰西提议先融一小笔资金，然后再融一大笔资金——但为什么呢？融资 1000 万美元需要用到哪些技能？这些技能是否会阻碍他融资一亿美元呢？我和人们进行过的最有影响力的对话，都是为了打破他们的误解，告诉他们那些自以为必要的东西其实并不要。除非我有十年的经验，否则没有人会重视我的创始人身份；除非我在该行业运营过三个较小的项目，否则没有人会雇用我管理这么大的项目；除非我有钱，否则没有人会给我投资……我在这里告诉你，这些都是谎言，它们在阻碍你前进。你可以直接实现你的目标，就像我直接去读大学一样，有谁规定必须先上完高中才能上大学呢？

我并不否认经验对于发展新技能至关重要，我们不可能直接跃升到职业生涯的巅峰。但我相信每个人都有一种与生俱来的直觉，知道自己是否真的需要经验来成长，或者是否已经做好准备，只希望世界能给自己一次机会。排队等待是孩子做的事，而成年人需要自己抓住机会。身边那些动机不纯的人常常告诉我们要耐心等待，比如有嫉妒心的伴侣、没有安全感的老板，以及似乎离不开的"友敌"。我们需要谨慎对待这些建议，因为风险太高了——一条让你耐心等待的错误建议就能让你停滞不前好几年。只要你认为自己已经准备好了，你就真的准备好了，你不应该因为别人认为你应该慢慢前进，就阻碍自己的发展。

◉ ◉ ◉

亚历山大·哈斯特里克（Alexander Hastrick）成绩斐然，他曾在美国五角大楼工作，是一名军事情报官，并在伊拉克服过役，现在他正在哈佛大学攻读工商管理硕士学位。亚历山大梦想着在国防领域创立自己的投资基金，他有足够多的知识来做到这件事，但他自认为没有足够多的经验。

亚历山大的想法无懈可击，他聚焦于军事创新，调动自己的人脉、利用自己的经验去收获现象级的交易量。这本应很容易，然而，亚历山大坐在我的办公室里，神色紧张。他执着于传统的看法，觉得自己别无选择，只能接受纽约一家私募股权公司给出的让他不甚满意的工作，即所谓的"交学费"。我质疑了他的渐进主义。

"但谁会支持我？"亚历山大问道，"谁会在我刚毕业时就给我开支票？"

"没人会，"我回答道，"但坚持下去总有人会。"

之后好几个月我都没有收到他的消息。一天下午，亚历山大打电话询问我的地址，他想给我寄一些小礼物，比如帽子和钢笔。"哪里来的小礼物？"我问道。

"哦，"他回答道，"是从你办公室离开后我创办的基金中来的。"

我曾以为亚历山大已经在纽约的那家大型私募股权公司安定了下来。但实际上，在我们谈话后的第二天，他就拒绝了那份工作。亚历山大四处奔走，终于为他的新基金找到了锚定投资人。他的基金名为"J2 Ventures"。

"我都记不清被拒绝了多少次，最终找到了这个投资人。"他告诉我，"我还融到了一笔1000万美元的资金，现在我正在想办法筹到5000万美元。"

我也对他进行了投资，并深感骄傲。

"关于创业这件事，我发现，最令人惊讶的是，"亚历山大继续说道，"它并不可怕。但这并不是说它很简单，实际上恰恰相反。但我在工作中收获的价值和团队建立的业务，与我们实际付出的努力是成正比的。自我们开工以来，唯一让我感到不寒而栗的想法就是，我得回到那个为别人打工的世界。"

一个简单的决策，采取了跨越式的思维方式，就改变了亚历山大的整个人生轨迹。我们总以为生活像一块块色彩斑斓的沉积岩，每一个成就都轻轻叠加在前一个成就之上。我们认为成功有既定的顺序：你必须先有一个卖柠檬水的摊位，然后才能建立横跨全球的柠檬水生意；你必须先筹集一万美元，然后才能筹集到1000万美元；或者，你必须先有做首席执行官的经验，然后才能自己创业。这些都不是真的，都不是世界真正运作的方式。渐进式进步只是我们的一厢情愿，我们试图给混乱的生活强加以秩序，将成功简化为某种可模仿的公式。"付出代价，你将获得向上流动的资格。"事实上，那些拒绝按照常规路线行事的人反而得到了最大的战利品。

我们坚持缓慢而谨慎的渐进主义，但其实这是没有必要的。跳过那些不必要的步骤，大跨步让自己站在更高的地方，这样，你的下一次跨步就能抵达更高的地方。

在决定迈小步而非跨大步之前，问问自己：是什么让你坚持要一步步地走？你是否真的认为渐进式策略能带给你成功所需的技能，或者，你只是在试图满足一个想象中的外部观众，毫无必要地拖延既定的结果？

◉ ◉ ◉

公司的晋升制度也是渐进的，这也是我建议人们尽可能地逃离这个制度的原因。传统的公司模式致力于在规模上组织人员，让他们按部就班地缓慢晋升。这种晋升陷阱常常出现在律师事务所或咨询公司中。那里有一大堆和你处境相似的员工，你很少有脱颖而出的机会，也很难超过你的同事快速晋升到高层。

这对公司来说是可取的，但却会压垮你的灵魂。

对那些更有追求的人来说，这种方式只会浪费时间。你需要抵制那些将自己困在原地或限制自己成长的念头。我告诉人们，如果他们知道自己值得拥有更多，并且看不到实现目标的路径，就不要害怕辞职——在另一套系统里，他们反而会晋升得更快。在进入另外一个组织后，你会重新出发，获得新的开始。当然，如果你真的喜欢现在的工作，你也可以选择留下来，不必离开，但你需要时刻记住，如果你的成长受到了限制，你可以并且应该离开。永远不要指望一份工作能满足你所有的职业渴望。如果你有野心，就要知道这是不现实的，因为你肯定会成长得更快，公司很难再满足你。

⊙ ⊙ ⊙

　　我虽然这样说了，但又忍不住开始想，我是否把这一切说得太容易了。我知道，偏离正常路径很困难，考虑到其中的各种情况，包括我们能控制的和不能控制的，一切将变得更加困难。我开始好奇，如果我也承担了社会中的许多人不得不承担的重负，我是否还能在职业生涯中取得这些飞跃呢？

　　2022 年 1 月，我哈佛商学院课程的最后一天，我和一名优秀的学生——特蕾西·汤普森（Tracey Thompson）进行了一次坦诚的谈话，我们谈到了种族问题，这个问题和课程中涉及的其他内容一样重要。我向大众投射的形象是一个语言粗俗、风格随意的白人男性企业家，在上完我的课后，特蕾西——一位黑人女性，她的母亲从牙买加移民到了纽约——向我吐露，她永远无法在观众面前以同样的方式展示自己。

"为什么不可以呢？"我问道。

特蕾西给出的回答是，在那样的场合，她不只担心别人不会尊重一名黑人女性，更重要的是，她觉得自己无论走到哪里，都背负着她的种族和性别的声誉，她有责任代表她们表现良好，否则，跟随她脚步的人也会受到评判。在她看来，她没有容错的余地。

诚实地讲，在这方面我确实享受了特权，我一生都体会不到这种重压和负担。我从未担心我会代表任何人，除了我自己，我也知道因为我的性别和种族，我肯定得到了许多次被宽容的机会。

我想，我们在这些问题上正朝着正确的方向前进，但我也意识到，许多人有着我没有的负担，而世界看待他们的方式、他们身上的义务，都影响着他们做出大胆选择的能力。这就是为什么特蕾西的职业愿景——成为一名风险投资人，打破制度性种族歧视，支持创始人背景多元化和企业多元化——对我来说是如此地鼓舞人心。

"这甚至不仅仅意味着给黑色人种所有的公司投资，"特蕾西解释道，"我想要帮助更多出身不同的人进入董事会和股权结构表中，即使公司不是由少数族裔所拥有的。我想支持拥有多元化供应链和多元化员工的公司。我想要培养更多来自不同种族的风险投资人，想要塑造新一代的、更具公平性的、财务状况更加良好的公司。我想要证明所有人都可以经营伟大的企业，多样性和成功是可以相互促进的。"

只有当我们意识到每个人遇到的阻碍是不一样的，并且社会不公平地对待了某些群体时，我们才能做到这一点。如果每个人都能对自己的生活和命运有最大程度的自主权和掌控权，我们最终的目标就应该是为每个人创造一个公平竞争的环境，让结果不会被我们无法控制的因素扭曲。

每一次旅程都比前一次更容易

辞职，或者离开一个安全但发展有限的职位，特别是要一个人去闯荡时，第一次这样做难免会让人心生畏惧。你还没有足够多的经验，能保证自己一定做得到，一切都会好起来。但第二次做会更容易，第三次做会比第二次还要容易。当你成为一名"烧船大师"时，你甚至不会再考虑这个问题。关于习惯化的研究支持了这个显而易见的观点：在你做过某事后，它就会变得更容易。在你已经冒过险后，冒险就变得更简单了。

但习惯化也可能伤害我们。习惯化可能会让我的生活更有效率，但我担心这种效率的代价将是失去创造力。创造力可以赋予我们洞察力，让我们可以持续成长并收获成功。习惯化可以成为一件利器，但要小心，不要让自己变成一个机器人。

研究表明，我们会逐渐习惯工作场所里的干扰，比如周围的电话铃声和同事强烈的香水味，我们会逐渐不再注意它们。但研究也表明，我们也会不再注意体制在压制我们、组织结构在限制我们。1974 年，哈里·布雷弗曼（Harry Braverman）撰写了一部有关工作场所心理学的重要著作——《劳动与垄断资本》（*Labor and Monopoly Capital*）。在书中，哈里专门用了一章探讨"工人对资本主义生产模式的习惯化"，他声称：组织层级训练着我们接受可怕的工作条件。我们不能让自己习惯无聊和单调，从而扼杀我们的创业精神。（如果杰西·德里斯没有跨出那一步去开设自己的公司，他也可能陷入相同的情况。）

我在哈佛商学院第一次授课时，课程占据了我的全部时间和精力；但第二次授课时，我花费的时间和精力就少了很多。我们做某件事越多，效率就会越高，这使我们同时能做更多的事。另外，在达到自动化的程度之后，我们面临的挑战就变成了"该如何发挥最佳水平"。

对于这个话题，道恩·强森（Dwayne Johnson，即"巨石强森"）曾在美国职业篮球联盟的洛杉矶湖人队做过一次很棒的演讲。"让自己无路可退……愤怒地打球。"我最大的挑战是，当我感到过于自信时，该如何召唤出那个驱使我继续前进的"恶魔"。我性子很急，常常要控制自己，在一件事还没进入平稳期时，不要急着做下一件事。我忘了重点不在于要不断地向前走，而在于我做的事能达到什么高度。

我的合伙人斯蒂芬·罗斯直言不讳：不要像蚂蚱一样。"如果你有一个伟大的想法，你需要坚持下去，"罗斯说道，"而不是跑去支持别人的好点子。在离开之前，你必须确保想法已经落地，合适的团队已经组建。"如果你离开得太早，你就剥夺了自己享受洞察力和工作带来的回报的机会。你在好处落地之前退出了，你在世界看到你的成果之前退出了。你觉得自己需要匆忙上路，重新找到压力，但你错过了真正可以利用的机会。最终，艰辛的工作会磨损你，你会留下一堆未完成的项目，它们会伤害你的自尊心。

即使压力似乎消失了，为了保持最佳状态，你也必须转变自己的动机系统，从第四章提到的充分利用焦虑转变为追求卓越。你全力以赴并不仅仅是为了完成任务，你还在不断拓展自己的潜能。

你今日能做昨日不可做之事吗

每当我取得了新的成就，我都会思考，这个成就能不能帮我取得下一个突破，尽管实现突破的方式在当时看来可能并不明显。我开始投资公司，突然间，我就有了参加《创智赢家》节目的资格；一旦我得到了《创智赢家》的认可，我就可以在哈佛商学院教书；一旦我在哈佛商学院教书，我就可以写一本书。你今日能做昨日不可做之事吗？它们能否帮你做到明天想做的事？只要你的脉搏仍在跳动，你明天就总会有新的事情想做。生活中取得的每一个成就都能帮助你到达下一个里程碑。

调动你的思维，让我们好好想一想：如果没有了限制，假设你可以做任何事情，你想要做什么？

⊛ ⊛ ⊛

杰西·帕尔默（Jesse Palmer）曾是美国国家橄榄球联盟的替补四分卫，但他在自己身上看到了橄榄球之外的可能。杰西告诉我："直到我有幸在纽约被媒体行业选中后，我的眼界才被打开，看到了各种可能性和机会。"

2004 年，杰西成为第一个出现在《单身汉》（The Bachelor）节目中的职业运动员，让观众发现了他的特别之处。从那以后，杰西在电视行业获得了持续的成功。因为喜爱美食，他成了美国食品网络频道烘焙比赛的主持人，他在《早安美国》（Good Morning America）节目中还担任了两年的记者，并主持了自己的节目《每日邮报电视新闻节目》（Daily Mail TV）。

"我不怎么会拒绝,"杰西回忆道,"一开始,我对很多事都会应承下来,它们给了我尝试的机会,让我知道自己究竟喜欢做什么。我从未想到我会进入美食行业,一名前联盟橄榄球球员现在谈论的是纸杯蛋糕和糕点。"

实际上,没有人逼迫杰西放弃自己的替补四分卫职业生涯,他依然有各种机会,但他看到了自己在媒体方面的潜力,决定要放手一搏。杰西说:"放弃从来都不容易,所以尽管我很兴奋能在电视上谈论自己的爱好,但这依然很难取代我在职业橄榄球比赛中获得的激动和亢奋……可我有一个上电视的机会,这样的机会并不多,所以我决定要乘风破浪,抓住这个机会。"

杰西现在仍然在乘风破浪。他现在是电视节目《单身汉》和《单身女郎》(*The Bachelorette*)的主持人。他再也不是任何人的替补了。

◉ ◉ ◉

描绘一下你最大的野心,然后迈出第一步。打电话、建网站、拿出产品初稿、写书、演讲、求职、和心仪对象约会……无论做什么,请调动你所有的力量、勇气和一切塑造了你的东西,然后开始行动。

　　你可能会认为名人做这些事要比我们更容易，他们——就像我的朋友，著名女演员斯嘉丽·约翰逊（Scarlett Johnson）——要是想开展新的事业，一定没有问题。但你错了，斯嘉丽数年来一直想当个企业家，但因为演艺事业太过繁忙，她没有时间和精力去做这件事。

　　和许多企业家一样，斯嘉丽创立护肤品牌 The Outset 的初衷源于她自己的痛点。大多数人可能不知道，斯嘉丽在成年后仍然受到痤疮和问题肌肤的困扰。她的解决方案就是每天进行简单一致的美容护理：清洁、打底和保湿。虽然市场上推崇时髦的"猛药"和烦琐的护肤程序，但斯嘉丽相信好的肌肤来自基础护理，她知道人们可以从同样简单和滋养的护肤方式中受益。

　　"作为一名演员，"斯嘉丽告诉我，"我从八岁起就需要保持良好的皮肤状态。我几乎尝试了市面上所有的产品，与知名的美容专家合作。随着年龄增长，我对产品和它们代表的美丽理念的期待也日趋成熟。我发现市场上缺乏干净、有效的护肤品以简化护肤过程并提升日常护理效果。但最重要的是，我终于有信心分享我的观点了。"

　　这很明显是一个机会，而且十分合理。对斯嘉丽来说，她迈出的最大一步是承认自己无法独自完成这件事。就像我们很多人一样，她不能为了这项事业放弃一切，所以她需要找到一个人，这个人能够分享她的激情，并且能将她的想法变成一家公司。

我、杰西·德里斯和斯嘉丽展开了合作，我们聘请了凯特·福斯特（Kata Foster），她是一名企业家，创立的第一家公司被一家大型媒体公司收购。她在维多利亚的秘密、安·泰勒（Ann Taylor）和橘滋（Juicy Couture）等知名时尚品牌担任过高管，有过成功的经验。这对聪明而坚定的二人组融资了数百万美元来实现她们的愿景，打造日常护肤系列产品，它们这将成为护肤界的"完美白T恤"。

The Outset 诞生了，就在我写这本书的时候，它们刚刚在网上发售，并在美国的每一家丝芙兰（Sephora）门店上线。我很自豪能够为她们提供咨询。斯嘉丽的道路与我不同，当然也与大多数人非常不同，但我们采用的思维方式是完全一样的：

⊙ 你要如何实现你的梦想？
⊙ 你需要哪些条件才能从现在的位置到达你想去的地方？
⊙ 你将如何巩固自己的成果，为实现自己的下一个目标服务？

当然，就像斯嘉丽与凯特的合作一样，我们很少会独自跃进。

第八章
接受别人的伟大

2009 年，我还在纽约喷气机队工作时，我遇见了加里·维纳查克。那时，加里是新泽西郊区的一位葡萄酒企业家，更准确地说，他是视频网站上的一位葡萄酒评论家，观看他视频的人数日益增多，他成了这个新兴平台上冉冉升起的明星，想通过网络来扩大家族的葡萄酒业务。加里是纽约喷气机队的忠实粉丝，我和他见面是为了赚他的"新收入"，为球队谋取利益，将球场的包厢销售给他。

我之前并不认识加里，当我准备在新泽西州斯普林菲尔德（Springfield）的一个贝果店与他共进午餐时，我以为我们会愉快地聊聊自己最喜欢的红葡萄酒和白葡萄酒，或许我还会了解一些有关葡萄酒业务的知识，但事实证明我大错特错了。我没有想到的是，葡萄酒虽然是加里的业务，但并不是他的全部，它只是他进入互联网的窗口。互联网的世界在他眼前展开，其展开方式在当时听起来可能很疯狂，但事后证明是完全正确的。

在我们见面的前十分钟里，加里告诉我，马克·扎克伯格和杰克·多尔西（Jack Dorsey）等人很快将带来巨大的变革，他同时还预测了世界的发展方向，谈到了模式识别和未来几年的情况。加里坚称，新兴的社交媒体正在向我们证明，每个人都有能力成为内容创作者，这将使许多公司措手不及，因为每个人都可以进行一对一的联系，这种行动速度是公司组织难以望其项背的。

加里针对公司还提出了一个想法，那就是将公司带入社交媒体的新世界，在其竞争对手甚至还没有意识到有这个系统之前，向它们展示如何去应对这一系统……一切顿时都明了了。加里充满狂热的自信，言辞粗俗，这让他很容易被人轻视。事实上，当加里滔滔不绝时，大多数"严肃"的人都对他不屑一顾：他们轻视了加里。但实际上，他们应该好好听他讲讲。

我知道，如果我们给加里提供足够多的资源，他可以改变球队和球迷的互动方式。加里没有买下包厢，但我们达成了一项协议，让纽约喷气机队成为他尚未成立的营销公司"范纳媒体"（VaynerMedia）的首个客户，我们给了他四张50码线 ① 的纽约喷气机队门票（现在他依然能用），作为交换，由

① 50码线是橄榄球场的中心线。—— 编者注

他负责实现我们的社交媒体愿景。

从那以后，我和加里就一直在合作。我去 RSE 后，斯蒂芬·罗斯也发现了加里的天赋，斯蒂芬明白，加里可以成为我们建立业务组合的一个变量。我们成了加里唯一的合伙人，收购了他公司的许多股份。如今，"范纳媒体"每年的营业额达到了 2.5 亿美元，客户包括联合利华和百事公司，办事处遍及全球，获得奖项无数。这家最初"有钱就上"、为别人管理社交媒体账户的松散机构，现在在为《财富》100 强公司制作超级碗广告。加里还写了五本畅销书，我一路见证他走到了这里。他还是那个在新泽西州贝果店里咆哮的加里，但唯一不同的是，他现在讲话，有 2000 万人可以听到。

我看到了这一点，其他人也应该看到这一点，只要他们能发现，这位看似粗俗的葡萄酒推销员实际上比世界上的大多数人都要懂网络世界，并且愿意全力以赴。

◉ ◉ ◉

一位朋友最近问我，在过去十年间，我在职业生涯中取得成功的秘诀是什么。他对我说："你并没有发明一款伟大的产品或者建立一个伟大的公司。"——他说得很对。但我完成了一次非常重要的转变，从相信自己拥有所有的答案并可以独自登顶，到意识到，要想取得最高水平和最大规模的成功，就要找到那些在各个方面都要比自己优秀的人，去认可他们的才华。

每天都保持谦逊是很有启发性的。我们很容易对自己感到厌倦，而能沐浴在别人的荣耀之下、坐在他人的光环之中，会更有趣。这是我人生中最棒的一次转折，让我意识到不必把什么都往自己肩上挑，相反，我可以致力于提拔他人，然后利用他们的才能为我们双方谋取利益。

这一章是关于服务他人和为他人赋权的。要想有效地做到这一点，有个很简单的方法：发现他们的才华，不要压制他们，然后尽一切可能帮助他们释放潜能。这样，你就会明白我一次又一次学到的东西：一切和想法无关，关键在于人。

识别伟大

我们已经讨论了很多我在别人身上想要看到的品质。首先，我在第二章中谈到了务实的乐观主义者，他们会帮助你滋养你的想法，而不是打击你。我从未见过一个极其成功的悲观主义者。另外，还有些人既谦虚又自信，他们是完美的创始人，你值得向他们投资。

我发现，还有四个特质容易使人成功。

- **同理心**。你必须拥有共情能力，了解别人的需求，理解他们的痛苦。你需要走出自己的天地，设身处地地为别人着想，以全面了解情况，获得全景视角，然后解决问题。

- **不顺从**。我说的"不顺从"并不是指固执或愤怒，而是要坚持你的愿景，不轻易动摇。正如杰夫·贝索斯在谈及亚马逊时说的，"我们对愿景固执，在细节上灵活。"你不能太好说话，就像劳拉·芬弗博士说的那样，你不能太服从权威。如果你知道自己是对的，就必须捍卫自己的立场，不能眼睁睁地看着别人做出错误的决策，或是在他们将组织带上歧途时袖手旁观。说到底，我们都被赋予了这种权力，即使行使这种权力意味着要走人。

- **看细节**。真正相信即使是微小但持续不断的努力也能带来巨大改变的人几乎已经消失殆尽，但这种想法是绝对正确的。我说的不是人们常常提及的完美主义的消极面——认为它只会浪费我们大量的时间，除了让我们避免犯错，不会给我们带来其他明显的好处。但我确实认为我们低估了细节的价值。当我和迈克·坦嫩鲍姆在纽约喷气机队和迈阿密海豚队共事时，他常常斥责那些懒散的人："你是怎么做一件事的，就是怎么做每一件事的。"这是个古老的类比，但现在依然适用。我承认，我比许多人更关注细节，因为细节很重要，我愿意称它为能力的代表。如果你在小的地方犯了错，我敢打赌你也会在大的方面犯错。

⦿ **重完成**。我和埃里克·曼吉尼共事时，首要任务就是最大化地提升球员在橄榄球场上的表现，那时我第一次理解了这个概念。曼吉尼向队伍灌输了这样的观点：你无时无刻不需要全力以赴，你需要战斗到比赛结束、哨声响起的那一刻，永不放弃。但这不仅适用于橄榄球比赛。在每一个拥有突破性才能的人身上，不论他们身处哪个领域，我都看到了他们在最后时刻努力加码的渴望，以及想要出色完成任务的欲望。无论是我在职业生涯中还是在个人生活中取得的成就，在收获的纪念品里，我最喜欢的都是我完成巴黎马拉松的视频。我毫无运动天赋可言，跑马拉松是一个学习如何调整自己节奏的过程。我需要使用一种和平时完全不同的"精神肌肉"，在长时间里耐心分配自己的能量，而不是一次性地爆发。那天早上，我在法国有一个了不起的目标：不仅要完成马拉松，而且还要出色地跑完，最后四分之一英里要跑得比首个四分之一英里还要快。这意味着我必须在我的"油缸"里存储足够多的"汽油"，在远远看到 26 英里的标志时就要提速。我永远不会忘记最后的那几分钟，当我胖乎乎的身体飞速超过其他竞赛者时，我有种什么样的感觉。当胜利在望时，我们很容易感到疲倦或松弛下来，而我们的挑战就是要战胜这种感觉。在抵达终点之前，我们需要尽力做到最好。

◉ ◉ ◉

如果上述特质可以让人获得优势，下一个问题就是该如何运用它们。该如何将这些特质转化为实质性的成功？我发现，在任何组织中，都需要有四个不同领域的典型代表，他们会让组织在结构上更加稳定：远见者、催化者、执行者和沟通者。不需要让一个人担任所有的角色，但每个领域都需要由一个有才华的人负责——创始人是无法同时兼顾这四个领域的。我们需要找到最适合自己性格和技能的角色，然后在员工和合伙人中找到符合其他三个角色的人选。

远见者

远见者指的是那些能预测未来、能看到未来世界面貌的人。加里·维纳查克和他那神奇的大脑就是一个非常好的例子。"要想看到未来就要把握现在。"加里告诉我，"我关注数据点，无论是查看下载量最多的应用程序，访问不同的网站和论坛，还是浏览社交媒体，我都会坚持做这件事。在很多方面，我把自己视作 20 世纪 70 年代唱片公司的星探——
一个需要挖掘下一个巨星的人。如果生活在那个时代，我会
去酒吧看看人群的反应，观察他们对不同乐队的反馈，然后
通过一场又一场的演出来确认这一点。没有人知道我做了多
少功课才得出结论。人们认为我在浪费时间，但要了解世界、
识别模式、预测未来，你必须花这些时间。"

◉ ◉ ◉

我们在 RSE 写的第一张支票就给了凯尔西·法尔特
（Kelsey Falter），她当时 23 岁，是一名工程师和设计师。凯
尔西那时刚刚从圣母大学毕业，创办了一家名为 Poptip 的公
司，该公司利用自然语言处理技术在社交网站上实时评估人
们对某公司的想法或态度。通过抓取和分析人们的公开发言
中的非结构化文本，再配以简短的投票和调查，凯尔西可以
知道人们的喜恶，知道什么让人们兴奋、愤怒、悲伤或情绪
激动，然后再利用这些数据为品牌和个人制定战略。有些早
期使用者喜欢这个产品，他们对此有一个宏大的愿景，认为
凯尔西的软件可以用在各种应用上，从销售运动鞋到提前对
有自杀倾向的人进行干预。凯尔西也认为，数据可以揭示诱
发因素，从而实现积极干预，为人们提供急需的帮助。

凯尔西在很多想法上都远远领先于时代，但要谋求公司的长期发展，她最具挑战性的任务是让足够多的人也看到她的愿景。凯尔西的想象力可能会让 Poptip 成为一个价值十亿美元的公司，但世界还没有做好准备——事实上，一些著名的社交网站花了近七年才推出和 Poptip 相同的功能。仅凭远见，即使早期产品得到了人们的采用，也是不够的。

凯尔西的故事之所以让人感到出乎意料，是因为她虽然年轻，但也明白这一点。凯尔西明白需要投入更多，也知道这意味着自己的公司很脆弱。"我们的产品受到了大公司的喜爱，他们购买并常常使用我们的产品，"凯尔西回忆道，"但这样的合作关系风险很高。"

凯尔西有充足的理由相信世界可能不会按照她所希望和预期的方式发展。"我们深深嵌入了那些著名的社交网站中，可以访问它们的数据，"凯尔西说，"但情况一直在变化，很难指望合作伙伴的信任。我们不知道它们明天会不会不让我们访问数据，这种掌控感的缺失让我很担心。我们需要找到另一种前进方式，我知道其中存在着不确定性。为了将 Poptip 打造成高价值的'软件即服务'产品，需要进行的迭代风险太大，无法继续下去。"

当凯尔西思考如何规避前路的风险时，数据分析公司 Palantir Technologies 折服于她的数据引擎，提出要收购她的公司。"卖掉公司并不是我的愿景,"凯尔西说道,"但我想履行我对员工和股东的承诺,我想要把资金回报给投资人。我知道我们可以做出伟大的东西,但现在还不是时候。"

凯尔西是很清醒的,她做出了许多创始人不可能做出的决策:在形势所迫之前,她卖掉了自己的公司,避免了可能面临的更糟糕的命运。"我在与投资人交谈时,也在和两个潜在的收购者谈话。"凯尔西说道,"在同意和 Palantir 达成交易之前,也是在那一天,我还参加了一些推销会议,因为我想要得到这些机会,从而能够做出最好的决策。我把所有精力都投入为公司带来良好结果的目标中,即使我不知道结果究竟是什么样的。"

在出售公司之后,凯尔西留在 Palantir 工作了几年,以帮助她实现自己的愿景。凯尔西是个才华横溢的人,在 Palantir 工作了不久,她就赢得了公司内部的"黑客马拉松"(Hacka-thon)比赛,她的对手包括一些非常资深的工程师。Palantir 上市后,凯尔西就再也不必工作了,当然,在你读到这本书之前,她已经投身于别的事情,而我也会和她合作,因为我不仅相信她有作为远见者的天分,而且相信她有能力看到未来的各种可能性,并从中谋求最好的结果。我们从 Poptip 得到的回报是当初投资额的七倍,这是我最早学到的一个教训:要支持赛马骑师,而不要只看重马。我想说的是,当你将自己的梦想和某人捆绑时，你最好找一个真正有远见的人。

催化者

　　如果把远见者比作电影剧本的编剧，这个编剧就需要一个制片人才能知道怎样制作一部电影。远见者需要催化者来整合各个部分，以实现他们的愿景。通常来说，会有一个人专门担任催化者的角色，而远见者很少有能力组织安排业务需要的人选。催化者需要具备组织能力和激励能力，能找出适合团队的成员，激发他们的兴趣，将他们拉入团队中。如果远见者是设计总体规划的那个人，催化者的任务就是将总体规划分解为可行的步骤，制订可行的计划，并负责每日的运营工作。

　　肖恩·哈珀是我遇到过的最卓越的催化者之一。我之前介绍过肖恩，他是亲属保险公司的联合创始人兼首席执行官。亲属保险公司挑战了一个由百年老牌巨头主导的行业，向人们展示了数据的力量。肖恩花了五年时间重新设计了保险公司对房屋核保的方法，将计算量减少到最重要的变量上，然后重塑了 21 世纪房屋保险的客户体验，直接面向消费者，避免了中间商。这是一个颠覆行业的惊人故事，而肖恩是掌舵的完美人选。

肖恩有一种少有的带着冷静的热情。他的特殊技能就是给屋内的气氛降温，给予人们信任，消除怨恨，看到整体大局。保险行业是一个受到严格监管的行业，行业内有许多细则，而整个行业也在不断变化和调整。在如此复杂的环境中，组织和管理团队是一个巨大的挑战。

"我的情绪调控能力是我在业务上的一个巨大优势，"肖恩告诉我，"这让人们喜欢与我打交道。处理他人的情绪是一项工作，无论是保持他人的积极性，还是为他人处理情绪，你都要付出代价。如果你能自己消化情绪，而不是强迫他人帮你处理它们，和你合作就会变得很容易。如果人们确信，你不会对周围发生的事做出非理性的情绪反应，他们就会信赖你，想要和你合作或者为你工作。"

这是一个了不起的观点。肖恩谈到，在危机来临的时刻，他的投资人会问他："你为什么不担心呢？""部分原因是我可能拥有比他们更多的数据，"肖恩解释道，"比如我们需要支付工资，但没钱了，而我知道我们正在进行什么项目，相信钱是会到位的。剩下的部分与数据没有任何关系，仅仅与如何控制自己的情绪反应有关。'你们想看见我东奔西跑、仓皇失措吗？'我会这样反问他们，'还是希望我保持冷静和专注？'面对这样一个问题，答案显而易见。很显然，如果我能保持冷静和专注，无论是对于公司还是对于和我打交道的人，都是更好的选择。"

如果这听起来就像你认识的某个人，请把他拉拢过来。没有催化者将远见者从床上拉下来，远见者就无法实现梦想。

执行者

当催化者必须着眼于"森林"时，一个优秀的执行者可以忽略"森林"，只看"树木"，专注于自己特定的角色，努力在领域内做到最好。律师就是企业内特定部门的执行者，而首席财务官是一个执行者，首席技术官通常也是一个执行者。这些人有时会对自己的工作感到不满，想要兼任远见者和催化者的角色，他们不满足于深入钻研自己的专业技能，并利用它们来获得竞争优势。在这些情况下，执行者就会出现我所说的"愿景嫉妒"。这会导致组织出现问题，因为组织内的愿景会不一致，责任的划分会有分歧，执行上也会出现落差。

出现这种问题，可能是因为远见者和催化者能力薄弱。这些角色必须有人来担任，但如果指派的人无法胜任这一角色，执行者们就不可避免地会感到压力，觉得有责任挺身而出，即使他们并不是很适合做这件事；或者，如果把功劳和赞美只给了远见者，而执行者遭到了忽视，或是被视作可替代的商品，就有可能出现嫉妒和斗争。卓越的远见者和催化者会给予优秀的执行者充分的认可，因为他们明白，需要表达对这一角色的赞赏，而不是在无意中鼓励"使命偏离"。毕竟，总得有人去做这份工作。

谈到出色的执行者，我总会想到蕾切尔·奥康奈尔（Rachel O'Connell）。在去哈佛商学院之前，蕾切尔白天在一家银行工作，晚上在时尚行业做志愿者。她后来告诉我："帮助那些有创意的人实现他们的愿景，让我感到十分兴奋和满足。"在哈佛的课堂上，我讲了很多怀揣愿景的创造者，但蕾切尔并没有将自己视作他们中的一员的想法，她兴奋的点是，自己可以支持这些创作者实现他们的梦想，并在必要的地方提升其价值。蕾切尔原本计划在一家大型传统零售商或制造商那儿找一份实习工作，希望能一步步往上爬，但我的课程启发了她，让她想找到一条加速前进的路。

"创业者们热情的讲述让我意识到，打动我的并不是在时尚或美容行业工作，而是能为有创意的人服务并与他们建立深入的联系。我想从一开始就在创意行业中找到这种伙伴式的联系。"这就是我们在第六章中谈到过的转折点——不要害怕自己异想天开，不要沿着渐进的道路前进。

通过课后与蕾切尔交流，我知道了她和我带到哈佛商学院的创业者们同样具有特殊的才能，因为愿意为远见者服务就是一种才能。蕾切尔没有抱怨他们，也没有幻想他们的成

功是属于自己的，而是投身于同样重要的支持角色中。事实
上，在灵光一闪之后，我找到了适合她的工作。芭比·波朗
（Bobbi Brown）是化妆品界的传奇人物，这个极富创意的人
承认她对数字毫无兴趣，而我碰巧知道她正在寻找一位有分
析头脑的人，来帮助她推出一条新的产品线。蕾切尔说她喜
欢芭比·波朗，这让我不禁感叹，一切都是命运的安排。我
拿出手机，把它放在哈佛大学食堂的桌子上，对蕾切尔说："如
果芭比接了电话，这就是命中注定的事。"芭比接了电话，我
们谈完后，蕾切尔得到了一次面试的机会。

蕾切尔说："能够与创意领袖一起工作，帮她将愿景带给
全世界，是一次难得的深入学习和寻找个人价值的机会。"蕾
切尔帮助芭比·波朗推出了一条新的化妆品线，使得创作者
和分析师都上升到了新的高度。如今蕾切尔在雅诗兰黛工作，
前途无量，因为她知道该如何去服务和执行。

在商业世界中，请坦诚面对自己的优点和缺点，永远不
要把方形的钉子钉在一个圆孔中。如果你一直梦想成为一名
企业家，却发现自己在为企业家提供支持方面更加如鱼得水，
就不要让你的自负破坏你的成功。成为一个世界级的执行
者吧！

沟通者

即使其他要素都已备齐，我们也会低估向他人解释组织使命、说明组织有能力实现自身愿景的重要性。讲故事的能力至关重要，它的受众包括投资人、员工、消费者和媒体，这并不是每个人都应具备的附加技能。我曾和一些公司合作过，它们的首席执行官就试图成为公司的故事讲述者，但如果他们不擅长做这件事，公司的事业就无法完全起飞。

在讲故事方面，我的朋友汤姆·卡罗尔（Tom Carroll）是我的秘密武器。我会把他介绍给那些在阐述和表达自己的故事方面有困难的公司。汤姆曾是腾迈广告（TBWA \ Chiat \ Day）的首席执行官，这家全球性的广告公司在 20 世纪 80 年代企划推出了苹果公司，并在 1997 年，当史蒂夫·乔布斯重新执掌苹果时，用革命性的"非同凡想"这一标语重启了这家科技巨头。与一些世界上最有才华的故事讲述者进行着合作，汤姆对如何打造大型标志性的品牌充满热情，但他的技能不仅在触达消费者方面非常重要，而且对每个人来说都很重要。

我们都能直观体会到"会讲故事"在企业对消费者领域（B2C）有多么重要，但低估了它在企业对企业领域（B2B）的重要性。"企业对企业"这个说法本身就是一个谬误，因为做出购买决策的不是企业本身，而是它背后的消费者。你销售触达的每一个人最终都是一位消费者，每一次销售都是在尝试把理念从一个人传递给另一个人。请注意，我没有说"传递必要性"，因为销售是有关感觉的，情感上的迫切需要构建出了所有的理念。用幽默作家芬利·彼得·邓恩（Finley Peter Dunne）的话来说，一个好的故事将安抚受难者，折磨舒适者。

即使是在不太流行讲故事的行业里，你也不能忘记去讲故事。LINLEE（林里）手打柠檬茶于 2012 年在广东省湛江市成立，是一家做柠檬茶的公司。该公司不仅通过茶叶和独家柠檬园来凸显特色，而且还通过随杯赠送标志性的小黄鸭玩具的方式与其他品牌区别开来。消费者甚至还可以在它的宣传页面上找到暗号，为小黄鸭玩具添加配饰，享受收集的乐趣。这里的"讲故事"是公司通过一只只小黄鸭与消费者建立联系，以这种方式将原本并不感兴趣的消费者转化成品牌的忠实粉丝。

而在美国，亲属保险公司也是一个业内传奇，利用数据，它能比其他竞争对手更好地管控风险，在气候变化的"新常态"中蓬勃发展，同时，其业务还直接面向消费者，让他们能够通过短信和社交媒体实现自助服务和沟通，以适应他们在几乎所有行业中对"新常态"的期望。但该公司的团队不擅长讲述这一点。

我邀请汤姆·卡罗尔来重新打造该公司的品牌，"新常态"一词就是他提出来的，我们将帮助该公司提升其讲故事的能力。提炼和传播信息的能力绝对能缩短时间，让世界可以更快地理解和接受他们。如果你走到了世界的前面，沟通就是缩小这一差距的关键工具。

最近，我和传奇投资人凯茜·伍德（Cathie Wood）感叹道，想让别人看见你看见的东西，通常要等待比你预期中更长的时间。2014 年，凯茜主动烧掉了自己的船，辞去了她在联博集团（AllianceBernstein）的首席投资官职位，创办了方舟投资（Ark Invest），通过旗下多支主动管理型交易所交易基金（Exchange Traded Fund，ETF）大胆押注创新，其资产管理规模在巅峰时达到近 500 亿美元。

凯茜提醒我，在特斯拉腾飞之前，她为该公司宣传了好长一段时间。2018 年 8 月，凯茜在社交媒体上发文，认为特斯拉的股票目标价位应该是 400 美元，这在当时意味着特斯拉的市值会达到不可思议的 6700 亿美元。这一大胆的预测收获的却是嘲笑，市场那时还没有做好准备。

"我简直无法相信没人愿意听我们的话。"凯茜在 2020 年接受彭博社采访时说道。"他们以此取笑我，这让我更坚定地选择了特斯拉，因为否定者的增加意味着特斯拉的准入门槛也在提高。"

　　凯茜设定的目标价位最终被证明是错误的，但错得非常完美，特斯拉的市值在 2021 年达到了一万亿美元。凯茜向我解释道："市场是非常低效的，很多对创新进行评估的人没有创新的直接经验。"凯茜的办公室就是这件事的解药，里面有许多年轻的分析师，正迫不及待地寻找下一个风口。这种充满求知欲的公司文化为凯茜赢得了许多投资人的心，甚至催生了一系列产品。

　　人们最终是会追上来并理解的。但是，如果有一个合适的沟通者可以将你的愿景阐述给世界，让世界理解它，将对你大有裨益。

◎ ◎ ◎

　　上述四种人共同构成了一个伟大组织的核心竞争力。当然，负责各个领域的人本身也需要是行业精英，不论他们是员工还是创始人。

　　正如我在本章开头所说的那样，你无法独自完成所有的事情，我就是最好的例子。人们经常问我，我是如何管理公司、处理交易、在哈佛大学教书并上电视的。我的答案非常直白且简单：如果没有一个"梦之队"与我合作，我就不可能做到这一切。

乌代·阿胡贾（Uday Ahuja）是 RSE 的首席投资官，几乎陪我一路走到了现在。乌代毕业于密歇根大学罗斯商学院，履历优秀，曾先后在高盛投资银行和私募股权公司工作，最终来到了 RSE。每当我们要推进一项投资时，乌代都会亲自坐镇，安排有创意的项目，谈判条款，并管理整个团队完成调查程序。有一段时间，乌代的整个工作似乎都围绕着解决"问题制造者们"提出的各种无理要求展开，但无论面临什么问题，他都能泰然处之。他正是我所需要的稳定之手，能够平衡我的激情。在法务方面，科琳·格拉斯（Corrine Glass）是我的法律总顾问，她毕业于哈佛大学法学院，会仔细审查每份协议里的每一个字。科琳和我一样喜欢对事情进行规划，她的记忆力很强，总能找到好点子来解决那些我甚至没有考虑过的问题。没有什么能逃过科琳的眼睛。虽然科琳是一名严肃的律师，但她总是着眼于大局——这正是一名优秀律师的表现——不会让反对派偏见影响交易。

这些人有能力执行完整的投资管理流程，从而释放了我的潜能，让我能聚焦于自己最擅长的事情。

我们所有人都必须弄明白自己有什么才能、能在团队中担任什么角色。但仅仅能认识到自己和身边人的伟大还不够。我们还必须认识到相反的情况，也就是有人在导致组织走向衰亡或限制组织走向成功。这类问题通常可以归结为一个简单的事实：某个高层正在拖累整个组织的发展，他可能很难相处、不支持他人，还会限制周围人的力量。打压者、掠夺者、受害者、殉道者和情感操控者都是很棘手的人，他们会限制别人充分发挥自己的潜力，是团队中的害群之马，阻碍团队取得成功。

不要阻碍别人

我们都时不时地需要和难以相处的人打交道，特别是在被困于别人的等级体制之中、受制于他人想法的时候。这也是我鼓励人们摆脱等级体制、自主创业的原因之一。我最重要的准则之一就是尽可能不和难以相处的人打交道。如果你看到某个人行为粗鲁、不尊重他人观点、充满敌意或不礼貌，即使他不是直接针对你的，最好也要避免与之交往。你看到的任何针对他人的行为最终都会指向你自己。当然，在涉及艺术领域时，情况可能又会有所不同。我对艺术的定义很广，包括视觉艺术、表演、烹饪艺术、写作等。艺术吸引着受苦的灵魂，所以我对艺术家表现出的古怪个性容忍度更高，但这并不意味着我会容忍他们的恶毒或残忍，虽然对于合适的人，我们有时需要纵容一些离奇的怪癖行为。

　　有一件事你必须记住：当你和另一方进行首次谈判时，无论对方是投资人、合伙人还是员工，你都会看到他们最好的一面，没有人会一上来就展现出最差的一面。因此，如果连他们最好的一面都很难相处，或者他们做出了你无法解释、预测和容忍的行为，你就需要尽快离开。请相信我，事情永远不会变得更好，只会变得更糟。

　　我一次又一次地看到，以下五种人的行为模式是如何拖垮一个又一个人和组织的。你要避免成为其中之一，也要避免和他们打交道。如果你遇到了任何一种这样有毒的人，请立刻远离他们。

打压者

　　当有人能挺身而出、为成功做出贡献时，打压者不会给予他们赞美，也不会感到高兴。这些人受到不安全感或控制欲的驱使，怨恨任何掌握了他们未有之技能的人，也怨恨那些没有和他们一样对自己感到厌恶的人。如果你发展得很好，他们就会把将你拉下来当作自己的使命。

　　如果你过于依赖别人的教导，你就很容易遇到打压者，陷入一种恶性循环中，因为你在向一个永远不会给予你认可的人寻求认可。大多数人在和别人打交道时会默认对方是个理性的人，我们也会默认工作出色就会得到认可和回报。打压者正是利用了这些默认的想法来折磨周围的人。

如果你在打压者手下工作，你是赢不了的，你必须离开。我必须承认，对于耐心和职业发展，我持有两种看似矛盾的观点。一方面，我知道责任加重是一个前导指标，尽管随之而来的补偿会延迟，但表现优秀的人将得到更多的机会，薪水最终也会增加，这就是世界正常的运作模式。但另一方面，当涉及打压者时，情况就不一样了。只要你愿意"配合"，他们就会一直利用你。如果你察觉到自己可能是个打压者，对你来说，这本书里最重要的教训就是：你必须停止打压别人。请赞美你周围的人，欣赏他们的才华，不管他们是谁，你都要帮助他们挖掘自己的潜能。让感激之情进入你的心灵，无论遇到了什么样的困境，问题最终总会得到解决。支持周围的人，对你百利而无一害。

掠夺者

我在社交媒体平台上会收到很多消息，我很内疚自己无法回复其中的大部分消息，但我确实阅读了它们，请相信我。我会浏览这些信息，看看里面有没有传递出严重的挣扎和抑郁迹象，也许我的一些温暖话语能够带给他们抚慰。当身边有掠夺者存在时，你很容易有这样的负面情绪。你可能会感到异常绝望，不知道该向谁求助。

不久前，一个我从未见过面的年轻创业者给我发了一条私信，她独特的艺术风格吸引了我的注意。她拥有一家小型公司，其大胆的设计能让汽车成为一个人的个性宣言——她的贴纸既能装饰又能保护汽车。

我在《创智赢家》节目亮相后，她给我发消息是想要推销她的汽车贴纸，建议我把车贴成鲨鱼①主题，同时也向我寻求建议。她解释道，她知道自己所做的工作的价值，但不知何故，她发现自己总是处于无人愿意为其产品付费的尴尬境地。有人委托她制作贴纸，她日夜辛勤工作了好几周，客户对她的贴纸表示满意，但还没满意到愿意给她付钱的地步。这种情况反复出现。人们会委托她进行工作，然后找出其中的一些小缺点大做文章，拒绝付款，或者干脆消失不见。

她非常害怕冲突，无法和这些掠夺者对质，也无法鼓起勇气要求对方先付定金，因为她担心这样会导致自己再也接不到订单。她缺乏自我价值感，无法摆脱那些想要从她身上牟利的掠夺者。

我向她保证她的工作是有价值的，这些人这么对她是不公平的。我告诉她要毫不畏惧地要求他们付款、要求他们先付定金。这是她必须记住的教训。过了一段时间，她确实做到了。她现在正茁壮成长，并且拥有了新的自信。她的名字叫克里斯蒂娜·麦凯（Christina McKay）。

---

① 《创智赢家》的英文名称 *Shark Tank* 中含有"Shark"（鲨鱼）一词。——译者注

掠夺者并不总是这样厚颜无耻和极端的，但从本质上看，他们是侵略性更强的打压者。他们想要掠夺你所擅长的东西并据为己有，还会利用你的弱点。如果你想要光明正大地从创意天才身上挖掘出价值，你就需要谅解周围人的缺点，而不是去剥削他们。一名卓越的领导者会给予员工合理的报酬，即使他们知道那个员工永远没有勇气去提这个要求。在这方面，我想起了 &pizza 的迈克尔·拉斯托里亚，以及他为提高联邦最低工资发出的倡议——"这是向我们的员工表达'我们重视你'最直观的方式。"迈克尔表示。事实上，一名卓越的领导者会煞费苦心地补偿那些最不会提要求的手下，因为他们知道有安全感的人将会带来难以估量的好处，这种安全感将最大程度地挖掘出人们的天赋。

受害者

通常来说，优秀的人会生活在感恩之中，他们不觉得成功就是自己的囊中之物，因此，当成功到来时，他们会感到欣喜和感激。相反，受害者则生活在不公正之中，他们从未战胜自己心中的恶魔和敌人。受害者会把旅途中的每一次磕绊视作自己被不公平对待的证据，而这对成长和成功是毫无益处的。如果坏事发生了，你可以正视它，从中吸取教训，但你不应该用它来定义自己的身份。

当我在 32 岁得了癌症时，我参加了一个互助小组，组内的每一个人都很愤怒，因为每年美国都会有 7000 名男性被确诊睾丸癌，而我们很不幸就是其中的一些人。但请记住，我们实际上是很幸运的，因为我们正在接受治疗，存活率达到了 95%。治疗后，我们大概率能够继续健康地生活。每个人都有自己的想法，但我无法理解组内的一些成员，他们悲叹自己的不幸，哀号自己只剩下一个睾丸。（我从未觉得它是男性身体上最有吸引力的部分。）

接受癌症手术后，我在纪念斯隆·凯特林癌症中心（Memorial Sloan Kettering Cancer Center）接受了近一个月的放射治疗。在纠结于"为什么会是我？"的某个时刻，我突然顿悟了。与"为什么会是我？"相对的是"为什么不是我？"，而我找不到一个更好的理由，解释除了我还有谁应该承受这种不幸，我有充足的理由相信我比绝大多数同龄人更有能力对付它。我有足够多的钱，经历过相对更糟的创伤，还有黑色幽默感，因此为什么不是我？ 也许我只是在开解自己，但我为我的工作、成就甚至是创伤感到自豪。我很感激自己能够与众不同——我不是别人，也从未不如别人。睾丸癌只是与众不同的另一种形式。一夜之间，我可能成了美国唯一一个既持有高中同等学力证书又从法学院毕业，且只有一只睾丸的人。（如果我错了，还有人和我一样，请联系我，我们一起喝一杯吧，朋友！）我不会浪费时间为自己的处境哀伤，你也应该能做到，无论你的处境如何。没有谁命中注定成为受害者。在你呼出最后一口气之前，你将一直保留最终决定权。

无论是在危机之前还是在危机之中，我认为一个人身上都不会发生什么改变，危机只会放大让他们变强或变弱的特质。在危机之中，受害者心态表现得比以往任何时候都更加明显。受害者将危机视作验证自己世界观的机会，认为每个人都在针对自己。他们不可能成功，然后，预言成真，他们就真的失败了。

不要掉入这个陷阱。

殉道者

殉道者有点像真正努力工作的受害者，但其表现却不足以抵消他们对组织造成的精神损耗。他们往往过度分散自己的精力，以至于无法达到最佳表现。殉道者会承担尽可能多的职责，甚至超过他们能处理的极限，但他们这么做并不是为了帮助团队，相反，是为了证明自己遭受的不公——他们被迫承担了别人的责任。

好消息是，殉道者的出发点往往是好的，他们可以在别人的指导下改变，就像 Bluestone Lane 的尼克·斯通一样，他从努力包办所有的事转变为学会了如何给他人指派任务，从而让他的公司到达了一个新的高度。如果你能说服某人，告诉他在追求目标的过程中，他最重要的职责是将每个任务指派给最合适的人，他就可以将精力转向调度和指挥，而不是把所有事情都扛在自己肩上。由于不成熟或缺乏经验，又或者希望避免冲突，首席执行官有时会成为殉道者。如果一家公司的首席执行官当了一段时间的殉道者，当资源多到可以雇用帮手时，他也很难转变这种模式。他很难重新定义自己的工作内容，而会坚持把自己放在主人翁的位置上，并把所有的责任都扛在自己肩上。

糟糕的领导者可能会奖励殉道者，认为他们是愿意做任何事情的劳模，但这些领导者没有意识到，做一件事和完成一件事是两个概念。实际上，殉道者和受害者是同一个硬币的正反面：对殉道者来说，宇宙在强迫他们承担本不属于他们的负担；而对受害者来说，宇宙在阻止他们，让他们永远无法成功。在这两种人眼中，一切都是宇宙的错，他们拒绝对自己的命运负责。

情感操控者

我们通常只看到了人际关系中的情感操控者，但在商业世界中他们也存在。公司里的情感操控者是我常常看到的、会带来负面影响的最后一类人。他们会花费精力试图改写现实，并伤害周围的每一个人，通常具有自恋的特质。他们融合了打压者、掠夺者、受害者和殉道者的特点，常常试图说服他人，对于发生在眼前的事情则一概不知。

让我们再回头看看伊丽莎白·霍尔姆斯和她的 Theranos 公司。可以发现，她是一个典型的商业世界中的情感操控者，在被指控时竭尽全力推卸责任，坚称其他人看到的东西并不属实。当然，伊丽莎白虚构的故事最终被揭穿了，相同的故事还发生在安然公司中，该公司当时的首席执行官杰弗里·斯基林（Jeffrey Skilling）曾攻击媒体，让他们觉得自己不懂杰弗里的业务就是愚蠢的，直到一位勇敢的《华尔街日报》记者挺身而出，拒绝被他的恐吓击倒。

◉ ◉ ◉

作为领导者，我们不能成为这五种类型中的任何一种，还要尽力避免遇到这五种人。我们该如何扭转局面呢？ 我们不能去压制别人，但该怎么做才能发挥别人的潜能，最终为宇宙带来秩序呢？

释放他人的全部潜力——给予你更进一步的自由

卓越的领导者之所以能屡创新高，是因为他身边聚集了优秀的人，这些人比他更擅长处理特定领域的难题，他会激励他们发挥出自己最大的潜能。找到那些正在做自己应做之事的人，让他们与你同行，这是完成伟大事业的最大回报。我们每个人都可以成为伯乐，成为支持者和粉丝，帮助身边人在他们应该发光的领域中闪耀。

你可以在帮助别人的同时也使自己受益。你可以支持别人成功，也可以确保自己能分享胜利的果实。当我支持的创业者出乎意料地取得了成功、收获了巨额的财富时，我会很开心，而如果我还拥有他们公司 20% 的股份，我会更加开心，因为我得到了帮助他们成长的切切实实的回报。坦率地说，你可以在有才华的人身后获得巨大的财富。

这就是我为什么认为，不论创始人本身有多么优秀，取得成功最重要的指标之一都是组织里的每个层级中都有出色的人才。我宁愿看到资质平平的创始人身边有一群才华横溢的人，通过发挥他们的才能让整个公司闪耀，也不愿意看到一个虽然极有才华但不希望身边人比自己更加出色的创始人。

我想说，庸才会雇用蠢材，以让自己看起来像个天才；但如果庸才雇用了天才，他们就不再是庸才，而也会变成天才。让卓越的人为你而战，你永远不会被他们的光芒遮盖。聪明才智并不是零和博弈。在特定的行业里，我们可能会陷入争夺市场份额的泥潭之中，忘记了一个更有效的增长策略是扩大整个市场。我不需要你在直接面向消费者的食品业务上的失败来促成我的成功。事实上，如果你能成功，就会吸引更多的消费者去购买优质产品，并相信优质产品确实是存在的。在这种情况下，你和我都可以取得成功。

◉ ◉ ◉

我曾经帮助人们取得过许多了不起的胜利，我想用其中的一个故事来结束这一章，证明通过识别和培养他人的才能，你可以对人们的生活乃至整个世界产生真正的影响。

艾丹·基欧（Aidan Kehoe）是 SKOUT 网络安全公司（SKOUT CyberSecurity）的创始人，该公司致力于帮助全球的公司解决网络安全问题。艾丹的生长环境和我比较相似，不过他生活在大西洋彼岸的爱尔兰。艾丹 23 岁时，他来到了美国，在整个佛罗里达州他只认识一个人，没钱也没签证，最初只能在餐厅洗碗。餐厅老板看到了艾丹的才能，让他为自己开设一个户外酒吧，以便为他办理工作签证。艾丹做了和我在麦当劳做的一样的事情——让自己在工作中变得不可或缺，虽然这份工作并不是他的梦想，但它也是他当时能获得的机会。艾丹充分利用了自己迷人的爱尔兰口音和作为酒保爱讲故事的天赋。没过多久，他就被富有远见的建筑师兼高尔夫球场主迈克尔·帕斯库奇（Michael Pascucci）看中，来到了世界级的高尔夫俱乐部——塞博纳克高尔夫俱乐部（Sebonack Golf Club）工作［其球场由高尔夫界传奇人物杰克·尼克劳斯（Jack Nicklaus）设计］，该俱乐部位于曼哈顿以东几个小时车程的南安普敦，专门服务纽约的有钱人。

艾丹是一名天生的企业家，他汲取了周围俱乐部会员的智慧，寻求别人的指导，建立了自己的人脉，最终独自创立了一家保险经纪公司，并和 RSE 展开了合作。我观察了好几年，看着艾丹发现了一个比销售保险更大的机会：网络安全。艾丹把创办保险经纪公司的流程又走了一遍，为了确定行业内还有什么需求没有得到满足，他咨询了每一个愿意给他几分钟时间的人。最终，他找到了一个机会。随着黑客越来越多地针对中小企业开展行动，这些企业负担不起昂贵的预防措施，又往往被大型网络犯罪团伙所忽视。在 SKOUT 成立前的数年里，勒索软件事件呈爆发式增长趋势，艾丹抓住了这个帮助小型企业的机会。

在帕斯库奇家族的支持下，艾丹启动了他的业务，成了 SKOUT 的首席执行官，并自诩为网络安全专家。尽管艾丹没有接受过正式的培训，但他能与小企业家们产生共鸣，和他们有共同语言。当他们的文件被拦截时，小企业家们并不想与海外呼叫中心的工作人员谈话，他们只信任艾丹，这使得艾丹变成了一个宝贵的资源。但艾丹知道，在公司爬坡阶段，建立业务将耗尽多年的资金，他需要得到资金雄厚且能承受损失的投资公司的支持。艾丹说服了我和斯蒂芬直接买下了这家新成立的公司。

回过头来看，说实话，艾丹也许可以说服我去投资任何事，因为他最让我信服的地方就是他潜藏的天赋，这种天赋需要得到释放。我越了解艾丹，在处理复杂事件时就越需要得到他的帮助。他的天赋在于能够看穿表面的纷杂，把握事情发展的实质。他一直以来都十分认真、诚实、谦逊，自我意识极强，但缺乏扩展业务的技能。通常来说，艾丹深切的同理心是他的优点，但在面临艰难的人员抉择时，艾丹会绕过那些表现不佳的人，亲自承担更多的重担。这是典型的殉道者思维，但是，如我在前文中所言，殉道者是可以接受指导并获得改变的，他们的出发点往往是好的。我是怎么做的？我请来了劳拉·芬弗博士。

我想让芬弗博士帮助释放艾丹的潜能。芬弗博士认为，艾丹与众不同的点在于他愿意成长、学习和提高，她和 15 名艾丹的员工进行了交谈，了解了公司的情况，撰写了一份长达十页的报告，在里面毫不避讳地揭露了各种问题，包括沟通问题、人员角色定位问题、公司愿景问题等。芬弗博士认为报告中描述的挑战几乎是不可逾越的，艾丹将不会成为那个带领公司进入新阶段的正确领导者。

然而，艾丹对此的反应之强烈让我们感到震惊。在花了一周时间消化这份报告后，艾丹与我和芬弗博士坐在会议室里下载了这份报告，过程公开透明得让人感到不舒服。艾丹没有想过从会议室里逃出去，但那种呼之欲出的情感却让我想要马上冲出去。下载完毕后，艾丹离开了一会儿，转身去了隔壁的会议室，那里正在进行高管会议。

"既然这份报告里的东西对你们来说没什么好惊讶的，你们不妨把它传阅一下。我有很多工作要做。"

艾丹把报告扔在桌子中央，然后走了出去。在我的职业生涯中，我还从未见过这样"扔话筒"的方式，芬弗博士也从未见过如此大胆的举动。一方面，芬弗博士认为这是艾丹在政治上的不成熟——谁会把自身的弱点暴露给自己的团队？但另一方面，这又展现出了一种有力的智慧。将你的缺点暴露出来，以白纸黑字的形式向团队展现出来，告诉团队你并非完人，他们也不完美。你直视了自己的缺点，没有把它们隐藏起来。艾丹要求他的团队监督他整改报告上的每一个问题，他承认他需要得到帮助，并承诺会进行改变。

"这份报告彻底颠覆了我的世界，"艾丹回忆道，"我从未收到过关于自己的如此专业和准确的反馈，它成了指导我如何变得更好的路线图。实际上，我每天都把它放在眼前，做好计划，决心解决上面的所有问题和挑战。我明白，我的成长速度必须超过公司的发展速度，否则公司的发展将会被我和我的能力限制住。"

把报告分享给团队是艾丹烧掉自己的船的方式。一旦团队看到了他最糟糕的一面，他就没有回头路可走了。艾丹全力以赴地改变自己的行为和业务，他的团队从那时起就知道他对此事有多么上心。"不管你在试图隐藏什么，"艾丹记得我曾经告诉过他，"其他人其实早就都知道了。所以，如果他们已经知道了，为什么不大大方方分享出来呢？我想举起手告诉他们，我知道我不完美，但我会尽力变得更好。然后，当公司其他人看到我真的愿意谈论我需要改进的点时，他们也能与自己展开同样的对话。"这变成了一个提升自我意识和改进影响力的良性循环。

但我的描述让事情听起来太容易了。实际上，在芬弗博士的报告出来之后，艾丹经历了一段非常艰难的旅程。艾丹的家中遭遇了许多挑战——他的长子被诊断患有自闭症谱系障碍，他的女儿也面临着一些健康问题。与此同时，我们还引入了新的投资人，他们毫不留情地向艾丹施加着压力。"买家懊悔"就像胃酸倒流一样，是一种令人不快的心态。这些投资人认为艾丹引入他们时估值过高，因此下定决心要得到相应的回报。他们不断给艾丹施加着压力。

我曾警告过艾丹，他的团队应付不了太精明的投资人。这家投资公司的掌舵人是一位出色的远见者，他出于和我们相同的原因投资了艾丹的公司——也就是要支持"赛马骑师"，但他身边有一群技术官僚，他们情感淡漠、缺乏同理心、只关注数字，经验告诉我，他们会一直折磨艾丹。当然，他们也只是在做自己的工作而已。来自私募股权公司的技术官僚们不太相信有软技能优势的人，因此艾丹需要招募一个全能的团队，既能用表格数据向投资人交代情况，又能用人性化的语言和客户沟通。这说起来容易做起来难。

一天晚上，艾丹给我打了个电话，他那时正处于人生的低谷。艾丹给我发了张他女儿戴着心电监测仪的照片，她正在接受通宵睡眠研究，以找出她癫痫发作的原因。"我女儿在医院里，"艾丹回忆道，"我们的新投资人非常不满意。员工离职、销售困难，我的世界正在崩塌，我已经好几个星期没有好好睡觉了。我们这个行业一开始强度本来就特别大，客户会因为安全漏洞而恐慌。我给马特打了电话，告诉他我做不下去了，我会在年底离开。"

我走出餐厅，在外面来回踱步。艾丹的话中带着哭腔。"我想我完了，"他说，"我不适合这个，很抱歉让你失望了。"

"我在这行待了太久，知道一个人什么时候完蛋，"我告诉艾丹，"你还远远没到那个地步。等你到了那个地步，我会打电话告诉你的。现在你需要休息一下。你女儿在医院，你每晚都在熬夜陪她，你现在需要睡一会！"

无论是对于艾丹的事业还是对于他自己，那都是一个至关重要的时刻。"一旦你投降了，你就会得到一种释放感，"艾丹后来解释道，"我知道一切都会好起来的。无论是对公司、对业务还是对在那儿工作的人，我都饱含着巨大的热情，投入了很多，我只想确保我不会让任何人失望。"在那次谈话之后，他做到了。在接下来的六个月里，艾丹重组了整个高管团队，把两名优秀高管招入麾下，这是他当时做出的最重要的招聘决策。他招聘了一位首席财务官和一位销售总监，我知道他们将改变整个公司的发展轨迹。此外，艾丹重构了公司的商业模式，改变了公司内部的交流方式，改善了自己的个人健康状况，最终实现了自己的梦想。他在彩虹尽头找到了一罐金子。

在艾丹跌落低谷后又过了两年，也就是 2021 年，在公司成立五周年纪念日到来之前，SKOUT 被梭子鱼网络公司（Barracuda Networks）收购，其交易价格超过了九位数。艾丹退了出来，而他拥有的财富足够他度过余生，甚至还绰绰有余。

交易完成之后，我们新招募的其中一位高管在一年后才能拿到报酬，以确保他不会提前离开。在艾丹的要求下，我改变了交易方式，预先给了他一张支票。他值得这一切，他的整个团队也值得这一切。艾丹的转变是我见过的最不可思议的商业成就。

芬弗博士也同意这一点。"在我看来，"她告诉我，"当一个人聪明、自我意识强且积极主动时，总裁教练术（executive coaching）这一服务就是有效的。艾丹具备这三个条件，他已经成功了 75%。剩下的 25% 来自那些能提供新想法或新观察方式的人给予他的指导。"芬弗博士在这趟旅程中支持着艾丹，我也支持着他，许多与他共事的人也支持着他。艾丹做了很多工作，但最终依靠团队才算是真正扭转了局面。

◉ ◉ ◉

分享艾丹的故事让我喜不自胜。我最开始并没有意识到，释放他人的潜力将会给我带来多少回报，这证明了利他主义可以增强一个人的幸福感。马萨诸塞大学医学院的卡洛琳·施瓦茨（Carolyn Schwarz）教授发现，那些乐于帮助别人的人比其他人更幸福、更少感到抑郁。我们得到的这种奖励被称为"温情效应"，当我们为别人服务时，可以通过脑部核磁共振成像证实这一点。

我乐于赞叹别人的成就，也乐于想办法帮助他们将天赋展示给世界。我的旅程中有一大部分在于找到方法将更多时间投入这件事。当我有能力为别人做到这一切的时候，我怎能袖手旁观呢？

"烧掉你的船"可以让你发现自己最强烈的内心感受。你对自己的要求越高，你就越能发现自己灵魂中共鸣的东西，你会将自己的人生建立于此，只为成就更多。你的最终目标是什么？其中最好的部分是，你永远不必决定什么，只需要继续前进。

第九章
展示你最为大胆的梦想

　　我从小很痴迷收集棒球卡，在众多球员里，不知为何，我最崇拜被称为"鹰"的外野手安德烈·道森（Andre Dawson），他先效力于蒙特利尔博览会队（Montreal Expos），后来去了芝加哥小熊队（Chicago Cubs）。道森是一名极有压迫力的击球员，同时也是一名令人印象深刻的守场员。他获奖无数，最终入选棒球名人堂；他挥棒非常流畅，在职业生涯中打出了 438 个全垒打。截至我写这本书时，他的全垒打数量位列全美历史排名第 46 位，而这一切对他来说似乎都是轻而易举的。有人说，你不应该去见你的偶像，或者至少要做好失望的准备，但我很确定他是一个例外，因为自 1996 年从棒球界退役以来，安德烈·道森做的那些事，让他与众不同。

　　自 2003 年起，道森就一直在佛罗里达州迈阿密经营着一家殡仪馆，这绝对是名人当中最不寻常的职业新选择。正如美国娱乐体育节目电视网和其他媒体报道的那样，道森会完成任何需要他完成的任务，比如一天开灵车，另一天又去迎接哀悼者。"你不知道自己会去哪里，"道森曾经说过，"即使我曾经再怎么异想天开，我也没想过自己会做这件事，但我觉得它也许是我的使命。"

◉ ◉ ◉

也许你会觉得，道森的经历并不像我在这本书中反复谈到的那种"烧掉你的船"的经历。对你来说，他的经历可能很特殊，而对我来说，可能也一样。我不愿意经营一家殡仪馆，我实在无法想象自己会进入那个行业，但道森的人生旅程并不是我的人生旅程。我非常钦佩他能抛下自己在职业运动生涯中取得的地位和名声，去追求自己的事业。从这个角度看，道森的故事正好体现了我想在这本书中总结的观点："烧掉你的船"是关于掌控自己的人生旅程的，它能给予你最棒的机会去探索适合自己的那条路。无论你的梦想是什么，你都可以将它们展示出来；无论你的梦想看起来有多么不切实际、愚蠢或让人难以置信，你都要坚持到底。

迈卡·约翰逊（Micah Johnson）像安德烈·道森一样向上攀登着自己的职业棒球之梯。他在棒球小联盟中发挥出色，在 2015 年作为芝加哥白袜队（Chicago White Sox）的二垒手进入了开幕战首发阵容，并在第二次上场时打出了一支安打。但这样的表现并没有持续下去，在接下来的四个赛季中，约翰逊的表现起起伏伏，他辗转于六支不同的球队，并且很多时候都在棒球小联盟里打球。在 2018 赛季结束后，年仅 28 岁的约翰逊选择了退役，但这并不是他故事的结局。在打棒球的同时，约翰逊发现了自己对艺术的热情，并在有空时开始画画。"我的队友告诉我他们喜欢我的画，他们的肯定对于我十分重要，让我有信心去追求艺术。"约翰逊对我说，他就像追求体育一样开始追求他的艺术。他继续补充道："我知道努力会带来什么结果，我花费几十年练习棒球才达到了现在的水平，我知道这也适用于艺术。只要我不断努力，我就会变得越来越好。"2017 年，约翰逊在亚特兰大的伍德拉夫艺术中心（Woodruff Arts Center）举办了个人艺术展，那时他还在职业棒球中心打球，并开始接受队友的委托，为他们画肖像。他甚至还为一名队友制作了文身。约翰逊本可以继续在联盟中漂泊，等待着得到下一次成为棒球明星的机会，但他还是选择了退役，将他的精力全部投入艺术之中，相信自己会不断进步。

2019 年，约翰逊没有工作，画也没有卖出去一幅，但他发现了非同质化通证，并全力以赴投入其中。约翰逊年轻的侄子问他："黑人可以成为宇航员吗？"这启发了他开启一项艺术使命，他知道这可能比棒球更重要：他可以通过艺术创作激励孩子们去逐梦。约翰逊全身心投入了这一使命中。疫情期间，他和女友带着女儿从北卡罗来纳州搬到了新罕布什尔州，在他的艺术工作室里通宵达旦地工作，以创造完美的系列作品。在过去的一年里，约翰逊创造出了黑人宇航员角色"阿库"，这为他带来了超过 200 万美元的销售额，"阿库"也成了首个被电视制片厂选用的非同质化通证角色。约翰逊并未止步于此。"我还没有到达转折点，"约翰逊表示，"我的目标是影响全球数百万的孩子，激励他们并让他们明白，无论他们所在的环境如何、无论他们需要克服什么，他们都可以成为任何自己想成为的人。"

约翰逊作为艺术家赚的钱比他作为球员赚的钱要多得多，这是第二个令人惊讶的点。这也证明了一个事实：当你认为自己已经到达了职业生涯的巅峰时，你很可能只是站在命运的低谷之中。

● ● ●

克里斯蒂娜·张（Christine Chang）和萨拉·李（Sarah Lee）相识于 2005 年，那时她们是巴黎欧莱雅韩国分公司市场部门的员工，后来被调到了纽约办公室，驶上了公司晋升的快车道。她们有着相同的童年经历，那就是在韩国，当她们小时候被晒伤或长皮疹时，祖母会用冰凉的、有治愈功效的西瓜皮擦拭她们的皮肤。她们还记得，在韩国，护肤是一种乐趣，而不是一件琐事——这种心态在美国文化中不太明显。克里斯蒂娜·张和萨拉·李相信，她们有机会把韩国的化妆和护肤文化带到美国，并将她们的传统分享给不同种族的人。

仅凭这一洞察，她们辞去了工作，放弃了她们在行业中工作了十年才获得的安全感，并在 2014 年创办了 Glow Recipe。起初，她们只会将一些亚洲产品引入美国，三年后，她们以年少时使用的西瓜皮和其他产品为灵感，开始推出自己的产品线。正如萨拉·李在接受凯蒂·柯丽克传媒（Katie Couric Media）采访时所言："护肤在韩国文化中根深蒂固，我从小就对护肤着迷，我记得祖母将已有数百年历史的护肤仪式传授给母亲和我的时刻……我热衷于在我们的社群中分享经验和知识，当我看到客户在网上分享她们的护肤效果，告诉我们她们采用了我们介绍的新护肤方法，并完全改变了她们的肌肤状态时，我感到无比振奋！"

自 2015 年放弃《创智赢家》的邀请以来，她们的年销售额一直在超出预期，达到了一亿多美元。如果她们继续留在巴黎欧莱雅，这一切都不会发生。

◉ ◉ ◉

劳里·塞格尔曾在美国有线电视新闻网担任记者近十年，从 2008 年开始报道苹果等科技公司的新闻。"我在经济衰退时期加入了美国有线电视新闻网，"劳里回忆道，"那时还没有报道初创公司的媒体平台，苹果手机才刚刚发布，突然之间，去华尔街工作已经不再时髦。我被这些创造者吸引了，这些跳脱出常规思维的人步入了科技界。我感兴趣的不仅仅是他们的产品和公司，同时还有他们作为人的身份。我想要报道的不单单是科技，还有人与社会的交叉之处。"

劳里后来成了一名资深科技记者，她采访了 Salesforce 的马克·贝尼奥夫（Marc Benioff）、优步（Uber）的达拉·科斯罗萨西（Dara Khosrowshahi）等科技行业的领袖，她和马克·扎克伯格的交流远超其他记者。但劳里看到有线新闻领域正在发生变化，人们不再满足于传统的内容来源，她渴望掌控自己的命运。"我一直是个积极主动的人，"劳里说道，"一开始我得到这份工作，是因为我承诺创造出一个全新的媒体平台，后来我推出了美国有线电视新闻网的第一个流媒体节目，我不会等拿到许可之后才开始快速行动。"

"我在视频网站上看到过一位智者谈到龙虾是如何生长的。"劳里说，"它们需要经历一段不适期，需要蜕掉自己的外壳。我恍然大悟，这正是我要做的，我需要创办自己的媒体公司，而不仅仅是报道别人在干什么。我找到了杰夫·扎克（Jeff Zucker），他是美国有线电视新闻网的前总裁，我告诉他我想要离开。杰夫让我留下来，但我知道，除非全力以赴，否则我不会成功。我必须挣脱束缚。杰夫一直是我的导师，我很信任他，他坚持让我留下来也让我受宠若惊，但我对他说，'杰夫，让我告诉你龙虾是如何生长的。'然后我就这样做了。"

2019 年，劳里成立了制作公司 Dot Dot Dot，它聚焦于讲述科技与人类交汇的故事。"我辞掉了一份无数记者抢破头都想要的工作，但我知道我想要去创造一些东西。"劳里迈出这一步并非全然没有恐惧。"我能这样说，是因为我的整个职业生涯都在媒体行业，"劳里解释道，"我们让这个过程看起来很容易。我们把那些在'烧掉你的船'后获得巨大成功的人放在杂志封面上，但实际上失败和过山车式的起伏是每段旅程中的必经之路。我热爱新闻业，我热爱我所做的事情，并且做得很好，但这还不够。当你感觉自己做得还不够时，你还能在原地站多久？ 在你真正下决心去做某事之前，你要等多久才能让自己知道你是否有勇气感到害怕？ 这很可怕，对每个人来说都很可怕，也许我们只是对恐惧谈论得还不够。"

我非常认同她的看法。认识劳里后，她的勇气和野心给我留下了深刻的印象。在我们交谈的过程中，我们都意识到她的未来注定不仅仅涉及故事叙述和内容创作。就在我写这本书的时候，劳里正在将 Dot Dot Dot 转变为跨平台媒体资产，将元宇宙——web3.0、非同质化通证、互联网的未来——带给大众。劳里在科技领域的深厚关系将让她不仅能讲述故事，而且能帮助我们所有人在新的网络世界中进行创造和建设，将用户连接到非同质化通证市场、加密货币和区块链中，使其成为人们了解、访问并从这些巨大的新机遇中受益的目的地。劳里和她的公司将成为一扇通往元宇宙的门户。

如果没有离开美国有线电视新闻网并独自创业，这一切都不会发生。"我对如何创办一家公司一无所知，"劳里承认，"但作为一名记者，我知道：如果你不知道如何做某事，你就去问懂行的人。我认为女性常常会担心的是，如果她不知道如何创办一家公司，她就无法创办一家公司。但不少杰出的女性用自己的经历证明，这是一个谬误。能有机会追随她们的脚步，我深感荣幸。我获得了独立，我不必得到他人认可，我能构思自己的愿景，这是我做过的最艰难但也最有回报的事。"

◉ ◉ ◉

劳里提出了非常重要的一点，那就是获得独立，从那个必须获得他人认可的世界中逃脱。这是每天早上充满激情地面对自己的生活和事业的真正秘诀：你需要找到一条允许你完全做自己、表达自己和充分发挥自己力量的道路。当我拍摄自己的试播电视节目时，我体验到了一种前所未有的喜悦，我之前甚至没有意识到自己缺乏这种喜悦。多年以来，在付出的那么多努力中，我一直在进行自我审查，没有完全做自己，因为我觉得我需要顺从某些人或得到他们的认可。我带着恐惧行动，避免展现出自己的全部潜能，时刻谨防自己身上出现我在第二章中提到的"高大罂粟花综合征"。换句话说，我避免当出头鸟。

现在，作为项目中心的"人才"，我有能力完全做自己，这种自由让我着迷。正如柯特·克罗宁所说的，我解除了自己的安全设备。如果你把精力用于束缚自己，你就很难取得伟大的成就。当我谈到全力以赴追求梦想时，这不仅仅意味着要消除备用计划和防备措施，还意味着将自己完全投入进去，没有任何保留。

有时候，追逐梦想的旅程并不完全是向前和向上的。Sugared + Bronzed 是一家主打无日光美黑和全天然脱毛的连锁店，生意很好，由考特妮·克莱格霍恩（Courtney Claghorn）和萨姆·奥菲特（Sam Offit）夫妇经营。他们 23 岁时从一家店开始经营，经过近十年的努力，将业务扩展到了全美的十家店。他们的利润率很可观，我可以看到他们获得大规模增长的路径。

在我对这家公司进行调查时，另一位投资人也表示了兴趣，想要收购该公司的绝大部分股份。考特妮和萨姆要做出一个决定：是套现离场，收割他们的努力带来的回报，还是继续努力扩大规模，取得更大的成绩？ 无论是该拿着足够自己和孩子过一生的钱退出，还是继续努力将公司做大做强，选哪一个都无关对错。这在很大程度上不仅取决于你的具体情况，而且取决于你是谁、你想要过什么样的生活。

"我认为，作为创业者的我们常常忽视负面因素，没有考虑到风险，"考特妮告诉我，"这让我真正开始思考，我们把所有的鸡蛋都放在一个篮子里是多么冒险。我现在觉得，随着我们卖掉了大部分股份，我们面临的'生死攸关'的压力更小了，有能力把自己的人生和事业想得更清楚。我们能够买一栋不错的房子，为自己创造一个避风港。现在我们可以更清晰地思考接下来要做什么、如何帮助其他初创公司获得成功，我也可以做更多的慈善工作。总的来说，我真的很开心。"

谁又能责怪她呢？ 我的意思是，对很多人来说，这就是他们的梦想。这是他们创业的初心，他们最终想要找到那种自由，减轻那种压力。

如果我是他们，我有可能会卖掉公司，也有可能不会。买卖公司对我们来说是同步进行的。就在我写这本书的时候，我的团队卖掉了 SKOUT，买下了木兰面包店，我们不断进行着交易。但这里的教训在于，无论我做了什么，我都会立刻审视自己的处境，弄清楚接下来要做什么。

并不是每个人都愿意交还他们的棒球手套并放弃百万美元的年薪，拿起拖把去清洁殡仪馆；也并不是每个人都愿意放弃在美国有线电视新闻网的工作。但这才是重点。这些旅程是属于他们的，而你的旅程将会和他们不一样，你会发现自己的天赋、爱好和使命。你的旅程将独属于你，我的旅程也只属于我自己。我写这本书并不是为了告诉你哪条道路是正确的，而是为了告诉你该如何找到那条属于自己的道路，并沿着这条道路去实现一个有意义的人生。

你有没有发现一些只有你才能做的事？你的生活经历将把你引向何方？你该如何将这些经历展现给世界？你想怎么过你的生活、你想留下什么遗产？

在旅程中发现快乐

如果你在网上搜索"马拉松后情绪低落"，大概会出现近100万条结果。事实上，科学研究已经证明，马拉松选手在比赛结束后会陷入巨大的情绪低落。当你制订好了计划坚持训练，最终达到了自己的目标，你会不可避免地有一种忧郁感，因为你的期待超过了成就。追求目标的过程给你带来了快乐，但实际行动——无论是跑马拉松还是完成一个重大交易——永远都无法达到你的期待。我在第四章中提到过，凯特琳·伍利和阿耶莱特·菲什巴赫对"不适感推动我们前进"进行过研究，她们还发表了一篇论文《经历比你想象得更重要》，她们在研究中发现，我们在实际做一件事时的感受比事前的想象和事后的回忆更加重要。

即使是奥运会选手也会被这一效应困扰。无论输赢，在返回家中后，他们都会感到心理上的失落，很容易陷入严重的抑郁情绪，尤其是当他们没有下一步的计划时。关于成功，一个不为人知的秘密是，实际上你将永远无法抵达可以停止工作、停止努力和停止追求更多的幸福彼岸。成功和满足是建立在持续的追求之上的，即使在最高水平上取得成就也无法改变这一点。关于人们在取得重大成就后感到失落的问题，许多研究者已经进行了大量的研究。正如一篇发布在《哈佛商业评论》上的文章写道："要想全身心投入，我们就需要在工作中感受到持续的成长。"这就是为什么迈克尔·乔丹在篮球事业达到巅峰时退役，而乔恩·斯图尔特（Jon Stewart）会离开《每日秀》（The Daily Show）。"我认为有时候你会意

识到（在某件事情上很出色）已经不太够了，"斯图尔特说道，
"换句话说，也许是时候去经历一些不适了。"

你可以为自己所取得的成就感到自豪，也可以在回头看
时惊叹："不敢相信我已经走了这么远！"但接下来你必须向
前看，看看自己还能走多远。

◉ ◉ ◉

乔舒亚·贝克尔（Joshua Becker）曾经是一名牧师，后
来成了一名畅销书作家，他在书中介绍着极简主义。贝克尔
在宣传极简生活方式的过程中收获了快乐，他告诉人们整理
物品的乐趣，以及如何通过清理生活中不需要的物品获得巨
大的满足感。我不能说我完全赞同他的极简主义理念，毕竟
我喜欢赛车，但有一点我非常认同，那就是无论是有形的实
物还是我们想要实现的成就，几乎都不能带给我们自己期待
的回报。

贝克尔写道，体育竞赛的空虚感在胜利时最为明显。"当
你获胜时，"贝克尔说，"追求目标的过程就结束了。没有人
再需要去战胜，没有障碍再需要去克服……但这并不会改变
你的生活。事实上，早上醒来还是要开始工作。"

◉ ◉ ◉

有些人在我谈到"烧掉你的船"时会跳起来反对。他们告诉我，这种理念听起来像是在追求一种永不满足的生活。

"静下来吧，马特，"他们说道，"为什么要做这么多的工作，不断去追求下一个成就呢？ 你明明可以沉醉在已有的荣光之中，过着悠闲的生活。"

我的答案是，"烧掉你的船"固然困难，但困难其实才是让我们持续感到快乐的原因。快乐并不能在悠闲的生活中找到，它存在于困境、追求和目标之中。要获得它很困难，但正因如此我们才能得到回报，这些事情才值得我们去做。

你可以问问马克·洛尔。马克在售出 Diapers 网站后本可以退休，但他又创办了 Jet 网站，然后以更高的价格把它卖了出去。现在，他正在做更多的事情，包括创办 Wonder 公司、成为明尼苏达森林狼队的联合所有人，以及建设他的"未来之城"。

或者也可以问问我的朋友芭比·波朗。芭比在几十年前推出她的化妆品线时，将用她的名字冠名的美容产品销售权卖了出去，因此当她在 2016 年离开母公司雅诗兰黛时，她无法带走这个品牌。多年来，芭比一直带着刻有她竞业禁止协议结束日期的项链，但当协议期满时，她立刻推出了一个新品牌 Jones Road，第一次尝试创建直接面向消费者的品牌，并在 65 岁时在短视频平台上成了红人。

或者还可以问问加里·维纳查克。"我不需要外界的认可，"加里告诉我，"因为我享受的是冒险本身。我对成功感到快乐，我对美好的事物感到快乐，但相较于我对冒险和过程的痴迷，它们只能排在第二和第三位。我对待事业的态度是，失败总会发生，但它只会激励我进行下一次尝试。我只是很感激自己能够进行冒险，每天都能做我正在做的事情。"

◉　◉　◉

约翰·斯基珀（John Skipper）曾是美国娱乐体育节目电视网（ESPN）的总裁、迪士尼媒体网络的联合主席以及英国体育媒体公司 DAZN Group 的主席，后来他在 2021 年决定与体育专栏作家兼播客主持人丹·勒巴塔德（Dan Le Batard）合作，创立自己的公司 Meadowlark Media——一家聚焦于内容制作的公司。约翰运营过市值高达几十亿美元的媒体公司，他的经历告诉我们，旅程中的乐趣并非维系在"越大越好"这一点上，也没有什么可以代替自由——这种自由让你可以与你欣赏的人一起工作，投身于能让你一直学习和成长的项目。

"在行业龙头企业工作了 27 年之后，"约翰说，"经营 DAZN 给了我成为颠覆者的机会，让我能从完全不同的角度来看待这个行业，接触到更加国际化的商业环境，并尝试全新的商业模式。"

除此之外，在 60 多岁时创立自己的工作室，给约翰带来了新的刺激和回报。"我学到了很多东西，"约翰说道，"我以前从未创办过公司，现在我可以做我想做的事情，说我想说的话，和了不起的人合作。在 ESPN 时，我们有责任要为公司谋好处，但这意味着，有时你遇见了一个有才华的混混，你也不得不忍受他。但在这里情况就不太一样了，这里的工作更有趣。我可以与真正有人情味的人和正直的人一起工作，而且他们还极具创造力。"

在正确的旅途中前进并不意味着你的营收会不断增加。我之前说过，机会的大小并不能决定你要花费多少精力，同样地，机会的大小也不能决定你会得到多少回报。"人们认为他们需要站在金字塔的顶端，但如果你对自己现在做的事很满意，这才是最重要的。"约翰说道，"我曾管理过营收多达几十亿美元的公司，而现在我手下只有 20 名员工……但这更有回报，因为它是我自己的事业。你不必总是去追求拥有更多的金钱，而要去做你真正感兴趣的事情。"当我在写这本书时，Meadowlark Media 刚刚和苹果公司签署了一项多年期的第一优先合作协议，为苹果电视制作纪录片内容和无剧本系列节目。我了解约翰，我迫不及待地想看到他的发展。

同时实现多个梦想

当我和那些橄榄球运动员谈到退役后要干什么时，他们往往会掉进一个可预见的陷阱之中。"现在别和我谈这些事情，"他们说道，"我的心思都用在比赛上面。先让我过完我的球员生涯，然后我们再考虑接下来该干什么。"即使我们不是橄榄球运动员，有时也会难免掉进这样的陷阱中，难道不是吗？

"我不能承担这个，我太忙了。"

"先让我完成这个项目，然后我才有时间做下一个。"

"等工作不忙了，我就开始创业。"

"退休后我就有足够的时间来追求我的爱好了。"

这些都是为了维持现状找的借口。但时间永远不会合适，你无法预测事情将如何发展，你也无法预料到你何时会成功，世界不会等你。要想获得持续的成长，你必须充分利用今天正在做的事，以帮助你离明天的目标更近一点，即使这意味着你需要同时做两件、三件、四件、十几件事。世界并不在乎你是否已经够忙了，洞察力不会等待，直觉也不会甘居次席，等到更好的时机才出来。最好的时机永远是今天，而你总是会很忙，或者至少你"应该"总是很忙。

你知道吗？ 不去等待正确的时机，你就会更容易实现你的目标。你在最忙碌的时候最有影响力，比如，你正在推进一项激动人心的项目，担任高管职位，推动公司前进，处理商业交易和进行人际交往的时候。这时，你应该向别人提出下一个重大想法，而不是等到一切都结束了再提，因为那样只会白费力气。也不要迫切地等到别人点头后，才认为你会有新的目标和事情可做。当事情进展顺利时，你必须利用那些短暂的时刻提前启动你的新项目，不要等到实际需要了才开始。影响力这个东西，当你迫切需要它时，想要获得它就太迟了。

你必须时刻对机会敞开心扉，哪怕时机不对。你需要像柯特·克罗宁所说的那样，"为优雅留出空间"。这是一个美妙的比喻，告诉我们在大举行动之前，不需要回答所有的问题，只需要朝着自己的目标迈出试探性的第一步。然后，请相信宇宙会根据你的需求放大你的努力。你需要敞开心扉，允许思想、人和偶然事件进入你的生活。

我的合作伙伴斯蒂芬·罗斯今年 82 岁了，他就在按照这样的理念生活。斯蒂芬拥有迈阿密海豚队，重建了曼哈顿西区，但他没有止步于此。斯蒂芬最近决定重新规划棕榈滩，把它打造成可以随处办公的区域；他把一项一级方程式赛车比赛带到了迈阿密；除此之外，他还修建了一个占地 1200 英亩的高尔夫球场。斯蒂芬委托艺术家彼得·滕尼（Peter Tunney）创作了一幅画，现在挂在他公司的总部，上面写着这样一句话："余生永不懈怠。"斯蒂芬确实会这样，他热爱生命中的每一分钟。

找到发挥最大影响力的着力点

如果生活中有什么挫折推动着我前进，那就是在我和母亲身处低谷时，如果有人能及时伸出援手帮助我们，我们将会好过得多。如果有人能够及时出现并看到我们正在遭受的苦难，确保我能上学、确保我母亲得到她急需的医疗照顾、确保我们有吃的、确保我们的公寓安全又干净……我的童年生活就会完全不同。

韩国企业家兼设计师宋恩昌在非洲看到了类似的苦难，那里的孩子们因为要照顾家里的牛而经常无法上学。宋恩昌相信，要想让孩子们去课堂，最好的方式就是给他们的父母一些好处，然后让父母们自愿把孩子送到学校。通过观察他们的生存环境，宋恩昌发现他们最需要的是能源，确切地说，是电能，因为这些家庭大多数没有电网。于是，宋恩昌通过她的公司 YOLK，发明了"太阳能奶牛"，它能让孩子们去上学，而不是留在家里照看牛。充电站被安装在学校里，孩子们可以在放学后带一个移动电源回家，给家里提供电源，足够让灯泡点亮十小时。

宋恩昌的这个想法并非凭空而来，她之前发明了太阳能纸，它是世界上最薄的太阳能充电器，这个项目在众筹网站上筹集了超过 100 万美元的资金。但当她环顾四周，想要寻找能够带来更大影响力的领域时，她的心带领她来到了非洲，她的"太阳能奶牛"正在改变人们的生活。

作为 Fanatics 的首席执行官，迈克尔·鲁宾明白为那些身处困境的孩子提供帮助意味着什么。凭借公司的成功，迈克尔创办了"改革联盟"（REFORM Alliance），这个组织旨在引起人们对美国刑事司法系统不公平问题的关注。该组织得到了超过 5000 万美元的资助，其中有 1000 万美元来自杰克·多尔西的捐赠，以帮助那些在缓刑和假释法律方面受到不公平待遇的家庭，并呼吁进行系统性改革。2021 年 12 月，迈克尔和说唱歌手米克·米尔（Meek Mill）一起，带着 25 个孩子在费城球场与说唱歌手利尔·贝比（Lil Baby）开展了一场美国职业篮球联盟"圣诞体验"活动，之后他们观看了费城 76 人队（Philadelphia 76ers）的比赛。"这里每一个孩子的父亲或母亲都因技术性违规①正在监狱服刑或曾经入狱，"
迈克尔说道，"他们没有犯罪，却进了监狱。"孩子们在球场
上进行了一场分组对抗赛，然后坐在场边的座位上观看了费
城 76 人队和迈阿密热火队（Miami Heat）的比赛。

◎ ◎ ◎

　　我的朋友柯蒂斯·马丁（Curtis Martin）曾在美国国家
橄榄球联盟当了 11 个赛季的跑卫，并入选美国职业橄榄球名
人堂。和他的成长环境相比，我的童年看起来要轻松得多。
柯蒂斯九岁那年，他的祖母被人刺死在卧室，两年过后，凶
手依然逍遥法外，他和母亲生活在恐惧里，生怕会成为凶手
的下一个目标，因为他们的地址被刊登在了报纸上。柯蒂斯
生长在匹兹堡市中心，因为街头暴力，他在成长的过程中失
去了 20 多个朋友，其中包括他最好的朋友。那时柯蒂斯和朋
友正走在街上，结果朋友在他眼前被枪射杀。直到高中的最
后一年，柯蒂斯才开始接触橄榄球，很快全美各个学校都开
始争夺他。但柯蒂斯却毫无目标感和成就感，直到他逐渐意
识到，橄榄球给予了他一个平台、一个发声的机会、一个帮

---

①　在法律上指违反法律或法规的行为，但通常与犯罪行为无关，而是
涉及程序上的违规或违反监管规定。——译者注

助他人的途径，给他的生活带来了意义。

对柯蒂斯来说，橄榄球一直是实现目标的一种手段、一种做善事的方式。每周不需要打橄榄球的那一天，也就是每周二，柯蒂斯会在纽约市四处走动，和认识多年的无家可归的人待在一块，和他们坐在一起，与他们交谈，将他们真正当作正常人对待。另外，柯蒂斯还会召集一些世界上非常有名的人开一个"秘密会议"，为他们创造一个安全的空间来吐露自己的烦恼。柯蒂斯希望能尽可能多地为处于挣扎状态的人带来光明。柯蒂斯童年经历的不幸本可以将他变得愤怒而痛苦，但恰恰相反，那些遭遇却让他变得极具同理心、慷慨和智慧。柯蒂斯是个很好的例子，他向我们展示了该如何用自己的才能去改变别人的生活，去鼓励他人，即使他们处境极其悲惨。

◉ ◉ ◉

我知道在努力追求一个更好的生活时感到无能为力意味着什么。我烧掉了自己的船，因为我想给予他人自己未曾得到过的帮助。对我来说，这才是最终目标。我找到了发挥自己最大影响力的着力点，知道我可以朝着帮助更多人摆脱困境的方向前进。

在我母亲去世后，过了几年，我以她的名义在皇后学院设立了一个奖学金，名叫"琳达·J.希金斯（Linda J. Higgins）助学奖学金"，每年颁发给几位单身母亲。我知道要一边育儿一边接受教育是多么困难，我想要给予她们我母亲未曾享受到的优势。这些女性战胜了看似最不可能克服的困难，站在台前，手握着学历证书。

2019年，当我在学校毕业典礼上发表演讲时，我让获得了奖学金的同学们站起来。就像我十岁时我母亲做的那样，她们在那天下午把自己的孩子也带进了校园，我也被带到了30年前我曾玩耍过的那片土地上。这是我童年为数不多的快乐记忆，剩下的记忆我都设法不去想起。

"塔米卡（Tameka）和罗莎娜（Rosanna），"我对她们说道，"就像我母亲一样，你们战胜了看似最不可能克服的困难，现在站到了这个地方。你们没有给自己找借口，你们没有成为受害者，你们从未放弃。"

这些奖学金获得者的故事非常鼓舞人心。我每年都会和她们进行交流，并尽力给她们提供不仅限于金钱方面的帮助。最近的一次聚会令人心碎，一位从拉丁美洲移民来的单身母亲讲述了她的一次遭遇。一天晚上，由于没有人可以帮忙照看她11岁的女儿，她就把女儿带到了学校，但教授不允许她女儿安安静静地坐在教室后面，因为教授不能理解这种行为，认为这会打破课堂的庄重气氛。这位母亲告诉大家，她让女儿坐在门外的地板上，告诉她要安静读书，然后她再也控制不住自己的情绪哭了起来。她的女儿年纪虽小却很坚强，她抱住妈妈说："不，不，妈妈，没关系的。我会没事的。我为你感到骄傲。你可以做到的！"

另一个奖学金获得者多年前来到了美国。她刚到这儿时一句英语都不会说，从未想过自己会上大学。最后，她申请了大学，但紧接着被诊断患有癌症。确诊的那一天，她的电子邮箱收到了一封信，那是以我母亲的名义提供给她的奖学金。当时，她在电话里哭着对我说，这个奖学金是支撑她继续前进的唯一保障。

她告诉我，她重新读了我的毕业典礼演讲稿，从我母亲身上汲取了力量。"既然你母亲可以做到，"她告诉我，"那么我也可以做到。"

我母亲总是预感她的人生将一事无成，她的记忆也会被人遗忘。我无法忍受这样的结局。母亲去世后，市长问我需不需要他帮忙，做件特别的事向她表达敬意。这是一个非常友善的举动，我告诉他，母亲在临终前提过一个请求——在生命的最后几天里，她请求我开车再带她逛一圈皇后学院，那是唯一一个给她带来快乐的地方。当时，我正忙着准备我的新工作，因此没能满足她的请求，现在，她去世了，这个遗憾深深地折磨着我。于是，市长让人把她的棺材安排到车上，带她最后一次穿过了皇后学院。

现在，这些奖学金获得者让我感觉自己正在帮助母亲改写她的故事，为她创造一个新的结局。她留下来的遗产并没有埋葬在斯普林菲尔德大道上那个充满悲伤的公寓里。她继续活在这些坚强无畏的女性心中，而我则是她的信使。

⊙ ⊙ ⊙

我朋友达伦·罗维尔（Darren Rovell）的例子说明，小事和微小的推动也可以完全改变一个人的生活。达伦曾经是美国娱乐体育节目电视网的记者，但他很擅长通过信息套利。达伦会从拍卖行拍到一些据他所知被低估的纪念物。他去过的拍卖行有的规模很小，得到的关注不多；有的会把一些有趣的拍品放在拍品手册目录中不起眼的位置上；有的没有挖掘拍品背后的故事。这些纪念物的价值比达伦买下它们的价格要高得多，因为他很擅长讲故事。达伦会在相关的纪念日，比如某个音乐会或体育赛事的周年纪念日当天，将纪念物重新卖出去，其售价是他当初购买时的好几倍。

多年来达伦一直在投资沃伦·巴菲特，他注意到，人们对这位被称为"奥马哈先知"的人的热爱与缺乏相关收藏者的事实之间有一个信息差。2022 年，他的投资得到了回报，达伦以数百万美元的价格出售了他最大的藏品，这个价格是他购入价格的 200 多倍：一张来自堪萨斯城财政部的，未切割、未流通的 18 美元纸币，上面有已知的巴菲特最大的签名（长达一英尺半）。这就是达伦的思维方式，他能够发现别人看不到的内在联系，并想办法将其变成能打动人、让人感兴趣的故事。这就是他能成为一名有价值的记者的原因。我知道，要想充分发挥达伦的才能，必须给予他充分的自主权，这样他的思维才可以发散出去。在拥有所有权的商业世界中使用这些能力将让他更有价值。因此，我鼓励达伦跨出那一步，去做他心里一直想做的事情。

但是，要鼓起勇气烧掉自己在美国娱乐体育节目电视网这家大型知名机构的船并不容易。达伦左右为难，不知道该不该巩固他在那里取得的职业成就，作为记者，他被限制在那些成就中，已经很难迈开步子再去追求新的目标了。我希望达伦创建一个投资基金，或者至少加入一个成立不久的新公司，利用他独特的才能帮助公司取得成功。我在达伦身上看到了那种呼之欲出的才华。

后来，我们在 RSE 写了一张支票，帮助成立了一家年轻的公司。我意识到了这一点：如果达伦能够负责品牌的内容，拥有公司股份，这将改变他的人生，简直是天作之合。

"我还没有准备好成为一个全职创业者，"达伦回忆道，"但我也不满意那些能掌控我职业生涯的人。我觉得他们很擅长开会，但不擅长去落实。通过加入一家创业公司，我上面只有几个老板，我在生命中第一次感到，我能真正掌控自己的职业命运。"

因为负责处理内容和品牌的事宜，达伦的这个决定把他置于舞台的中央，也给予了他公司的股份。他烧掉了自己的船，改变了自己的生活。达伦加入后，过了不到三年的时间，该公司就被出售了，他拿着足够的钱离开了，可以为自己的未来写下新的篇章。"过去的 21 年，我每天都在做着我喜欢的事情，"达伦说，"但我下定决心迈开脚步做出改变，这是我做过的最好的决定。"

◉ ◉ ◉

我的朋友朱莉安·浩夫（Julianne Hough）是另一个例子，她找到了发挥自己最大潜在影响力的点，让自己的人生朝着一个更充实、更有回报性的方向迈进。朱莉安既有舞者、歌手和演员的经验，还多次在《与星共舞》（*Dancing with the Stars*）节目中获胜，后来又担任了该节目的评委。她想要利用这些经验，将舞蹈带给大众。朱莉安推出了 KINRGY，这是一个为人们提供锻炼方法以保持身心健康的平台，平台上提供的锻炼内容以舞蹈为基础，融合了动作、力量训练、呼吸训练、想象和冥想。KINRGY 最初开展的是线下课，在新冠疫情期间转移到了线上，朱莉安和一群训练有素、精心挑选的指导教练帮助成千上万名用户和订阅者达到了巅峰状态。

"对我来说，舞蹈一直是我的超能力，"朱莉安告诉我，"我相信它是每个人的本能。纵观整个世界，人们会为庆祝跳舞、为丰收跳舞、为生育跳舞，也会为了治愈跳舞。舞蹈是一种通用的语言。"朱莉安将舞蹈视作改变心态最快的方式，认为动作和情感是连接在一起的，她想要把这份力量带给大众。朱莉安意识到，她之前一直在向世界索取，但这一次她想成为一个给予者，并决定利用自己的热情来打造她的事业。

"你什么时候把《与星共舞》带给大众？"人们不断向朱莉安问道，她也力图将那种全面的、全方位沉浸式的体验带给更多的人，让他们感到一切皆有可能。朱莉安明白自己的优势究竟在哪里，于是开始组建团队填补空白，找到了懂得将她的天赋和想法转变为实际业务的人。这就是 KINRGY 诞生的过程，朱莉安现在不仅仅将自己视作舞者和名人，而且还是一个能帮助人们实现他们梦想的人。在朱莉安的公司成立一年后，她来到我在哈佛商学院的课堂上作为嘉宾为学生们进行了讲座，她的身份不是电视明星、演员或歌手，而是一家伟大公司的创始人和一场运动的领导者。通过 KINR-GY，朱莉安真正开始了下一个行动。

没有最终的港口

我们征服的领域越多，我们就越有能力帮助他人、服务他人和回馈他人，也越有能力改善我们的生活和未来。

但你该如何做呢？当你放下这本书时，你该如何真正开始"烧掉你的船"？在大部分情况下，使增长受阻并导致企业最终失败的原因是，我们只关注去寻找正确的答案，而没有去质疑我们的问题是否正确。在吸收这本书里的经验教训并准备开启你的下一次旅程之前，你需要问自己以下几个问题。

- ◉　我有什么独特的优势，能做别人做不了的事情？
- ◉　我有什么独到的见解，且别人还没有对此展开行动？
- ◉　我有什么特别之处，如何最大程度地利用它？
- ◉　在我的内心深处，我真正想做的是什么？

你不必把一切都想得那么明白，如果你认为自己已经把一切都想明白了，我敢保证你会失败。缺乏自我意识的主要标志就是对自己的计划和执行能力 100% 自信。问题会催生出解决方案。你应该将自己置身于一个没有答案的困境中，利用你的聪明才智和解决问题的能力来惊艳自己。

◉ ◉ ◉

当我说到"没有最终的港口"时，我觉得有些人会本能地反对这种说法。他们认为我的意思是我们永远不能放松、永远不能休息、永远不能说自己已经完成了什么，但这并不是我想表达的意思。当你行进在自己的旅途中，你可能会找到一个岛屿，在那里，你想建立自己的家园，逗留一段时间，搭起帐篷，过上不需要不断实现新目标的、没有压力的生活。你是在充电，充电是没问题的，我们都需要充电。但最终，你会再次感受到那种剧痛，你不能永远停留在一个地方。除非你是我几乎从未见过的那种与众不同的人，否则停滞不前无法带给你任何喜悦。我说的这种喜悦只能在不断奋斗以及全身心投入新冒险的过程中才能找到。

人们在临终前最大的遗憾往往是从未去追求自己最大胆的梦想。在我写这本书的时候，我和 Boll & Branch 的创始人兼首席执行官斯科特·坦嫩（Scott Tannen）吃过一次早餐，该公司是一家奢侈家居用品零售品牌，我从内部见证了它的发展。坦嫩是这本书中许多思想的完美展示者，他是世界上最大的在线游戏网站之一——Candystand 网站的创始人，后来他转手将公司卖掉了。当他和妻子米西（Missy）翻新他们的房子时，他们受到了新的启发。

在看家居装饰时，斯科特和米西注意到，市场上缺少能打动目标客户、符合他们价值观的奢侈家居品牌。斯科特看到了一个机会，以一种符合道德标准的公平方式直接与世界各地的制造商合作，从而重塑供应链。七年之后，该公司的融资超过了一亿美元。

"我们简直不敢相信，市场上居然没有一个品牌或产品是'最好的床上用品'，"斯科特告诉我，"所以我们创造了一个。"

这样的洞察力其他人也可以拥有，但他们并没有把握住。斯科特说："这是一个不容错过的机会，但很多人在很长一段时间内都错过了它。"

那天早上我们一起吃早餐时，斯科特碰巧提到，经过长时间的搜寻，他终于找到了一家能有效推动其社交媒体战略的公司。斯科特支付了一万美元，帮助公司获得了 30 万美元的营收，利润率达到了 80%。斯科特告诉我，这一结果也出乎他的意料，他承认，在找到这家公司之前，他经历了数次尝试但都失败了。当斯科特告诉我这家公司的名字时，我立刻想起了它，因为它就是我在过去几年中反复听到的那家公司——Village Marketing。我告诉斯科特，我一定要见到这家公司的创始人，看看她能不能在我的各项投资中发挥作用。

薇姬·西格（Vickie Segar）在 2013 年创立了 Village Marketing 公司，当我和她通话时，她告诉我我们之前见过面。薇姬在 2010 年至 2013 年间担任 Equinox 的营销总监，在她离职后不久，我们讨论过一个岗位，那个岗位是杰西·德里斯的初创公关公司早期空缺职位中的一个。当时，薇姬对市场营销该怎么做有着自己的见解，但她觉得好像没有人理解她。"毫无疑问，消费者在社交媒体上花费的时间越来越多，"薇姬解释道，"但他们不会把时间留给品牌，而是留给实实在在的人。事实上，虽然大多数品牌依然试图将潜在消费者引导到自己的社交媒体页面上，但我想去消费者所在的地方，将品牌植入消费者之间的对话中。

"对我来说这是显而易见的——消费者在社交媒体上更多地与人进行交流而不是和品牌交流，"薇姬补充道，"但似乎不是每个人都意识到了这一点。现存的代理模式不适合与名人展开合作，它也不接受这种方法，这为像我这样的小玩家敞开了大门，去占领这个领域。"

她给我的感觉和我第一次见到加里·维纳查克时的感觉相同。薇姬有着非凡的洞察力，她真正理解她所在领域的动向。我拼命说服她加入我们的团队，我知道德里斯会变得很强大，而薇姬正是我们需要的那种天才，但那时她拒绝了我们。

薇姬依然记得，她之所以拒绝这份工作，是因为她知道这是她唯一的一次自主创业的机会，她想看看自己能不能成功。现在八年过去了，再次和她交谈时，我知道她成功了。如今薇姬的公司雇用了 150 个人，年营收额达到了 1400 万美元，她很好地平衡了自己的生活和工作，虽然她家里有两个年幼的孩子需要照顾，但也不影响她成为所在行业中最优秀的人之一。薇姬本可以成为我的员工，但现在她是一名成功的公司创始人。

"作为一名十年前就在创业领域摸爬滚打的女性，"薇姬向我解释道，"组建家庭或者休产假这样的事情，大环境都不是很鼓励。我创办自己的公司，原因非常简单，我需要创造一个环境，在里面我既可以实现做母亲的梦想，也能继续追求给我带来激情的事业。我需要灵活性。我也知道自己有机会为其他女性铺平这条路，这就是我为什么会创建一个只有女性的公司，我们公司从一开始就拥有灵活的工作环境。"

这是一个鼓舞人心的成功故事，它讲述的不仅仅是一个成功的公司，还是一个成功的人生。2022 年 2 月，薇姬将公司卖给了全球广告公司 WPP 集团，使自己和家人实现了财务自由。无独有偶，就在几个月前杰西也卖掉了他的公司。薇姬在那个时刻选择相信自己，而不是选择成为我们的员工，这个决定彻底改变了她的人生轨迹。

◉ ◉ ◉

这才是真正的目标，不是吗？为了让"烧掉你的船"带给你真正的满足，你需要找到做这件事背后的意义。快乐绝对是在旅程中发现的，但你依然需要找到比自我提升或自我满足更大的目标，让它来推动你前进。追求卓越可以是一个强大的动力，但如果没有更多的东西，胜利可能会开始变得空洞。

对我来说，一切都可以追溯到我的童年。我努力建立一个平台，筹措资金，目的是帮助人们不再遭受我和我母亲经历过的痛苦。当我写下这些话时，我的心都要碎了，在那天早上走出家门去往市政厅时，我母亲对我说的最后一件事就是她保证会吃苹果酱。她想要减肥，想要活下去，她告诉我她想坐一次飞机，她还没坐过飞机，她想要坐在海边。在她生命中的最后一天，她依然怀抱着梦想，迫切希望再得到一次改变的机会，或许这可以挽救她的生命。可惜那天早上我并不懂得这些，而现在已经太迟。

对其他人来说，现在还不算太晚。"烧掉你的船"是一个秘诀，能让我们的梦想不落空，让我们的雄心壮志得以施展。我们都需要给自己一个机会，尽最大可能挖掘自己的天赋，找到自己永远无法达到的极限，了解自己，感谢自己身上能够带来改变的力量。对我来说，帮助他人度过人生旅程就是我生命中最有意义的事情。当我还是个孩子时，我就知道没有人会来拯救我们，虽然事实的确如此，但它并不是永恒不变的。我们都有选择的权力，我们是要伸出援助之手还是要袖手旁观？ 即使是一个小小的举动，也许只是在黑暗中点亮了一丝希望，它也可以改变某个人的人生轨迹。现在，我或许可以成为某个人在绝境中无比渴求的那束光。

在和斯卡拉布里尼修会的会长见面时，我谈到了自己的旅程，他告诉我，我无法真正治愈童年的创伤，因为我徒劳地想回到过去，试图拯救我的母亲，让她免受痛苦的折磨。我永远无法治愈她或她身边的那个小男孩，但我可以拯救那些正在溺水的人。这就是我找到通往内心平静之路的方法。

● ● ●

我努力用我的文字来建立联系；我努力与我合作的创始人和合作伙伴建立联系；我努力与我在生活中遇到的、得到过我帮助的人建立联系，也送话给他们去"烧掉自己的船"："要勇敢。"

我知道这听起来很简单，但做起来很难。当我离开纽约喷气机队时，人们告诉我，我做的这个决定既冒险又愚蠢，简直让人难以置信。他们说，如果我离开球队，没有人会接我的电话，我将一无所有。我告诉他们，不是这样的，纽约喷气机队并不是平台，我才是自己的平台。你也是你自己的平台。

你的才华是你的平台，你可以去拥抱你所擅长的东西，永不回头。

要勇敢。

◎ ◎ ◎

不久前，我在纽约的乔治湖度假。我们租了一艘船，湖上有最迷人的木质船坞，其历史已经超过了半个世纪。我和一位业主进行了交谈，他是建立了整个业务，包括船坞和所有船只的初代业主的后代。那里有一艘漂亮的木船停靠在一侧的码头上，维护得很好，似乎被冻结在了时间里。它看起来像是从威尼斯运河过来的。

"那艘船有什么故事呢？"我问道。

"啊，那艘船非常特别。"

60 年前，船坞被大火夷为平地。1957 年 5 月 5 日的一篇新闻报道证实了这个故事："位于博尔顿兰丁的史密斯船坞被烧毁。来自博尔顿兰丁、乔治湖、切斯特镇和沃伦斯堡的消防员在现场工作了五个多小时才扑灭了大火。"

当时，原业主正在工作，火突然燃烧了起来。船坞上的旧木材是易燃物，虽然知道建筑还能重建，但他担心火焰会吞噬船只，摧毁自己毕生的心血。于是他赶紧跑去把许多船推向了湖面，但时间已来不及了。突然间，他有了一个新的想法。面对周围熊熊燃烧的烈火，他跑到了维修室，从墙上取下了一把斧头。他站在上面，下面是他珍爱的余下船只，他开始疯狂地砍击船体。如果他将船沉没，引擎会进水，但船的其他部分将幸免于火灾。等火被扑灭后，他可以把船捞起来，更换零件，重建他的事业。

如果你能从这个故事中得到什么启示，我希望它是一种坚定的信念，是我对你的无限可能的坚定信念，相信你可以找到解决问题的办法。相信我，当你身处绝境，似乎无路可走时，你会找到出路。

与其烧掉那些船只，不如只是将它们沉没。

致谢

　　我总是觉得，我不可思议的生活就像一场永无止境的接力赛。从我在纽约皇后区的第一份工作开始，总有人能看到我想去哪里，而不问我来自哪里，他们接过接力棒，把我带到了下一个阶段。黛安娜·科恩（Diane Cohen）、艾伦·格舒尼（Alan Gershuny）、国会议员加里·阿克曼、迈克尔·沈克勒（Michael Shenkler）、迈克尔·努斯鲍姆（Michael Nussbaum）、大卫·奥茨（David Oats）、克里斯汀·拉特加诺－尼古拉斯（Christyne Lategano-Nicholas）、科琳·罗奇（Coleen Roche）、桑尼·明德尔（Sunny Mindel）、劳·汤姆森（Lou Tomson）、凯文·兰普（Kevin Lampe）、迈克尔·麦克恩（Michael McKeon）、乔治·帕塔基（George Pataki）州长、约翰·卡希尔（John Cahill）、丽莎·斯托尔（Lisa Stoll）、杰伊·克罗斯（Jay Cross）、伍迪·约翰逊（Woody Johnson）、莱恩·施莱辛格、杰夫·弗罗斯特、霍莉·雅各布斯、克莱·纽比尔（Clay Newbill）、罗布·米尔斯、马克·伯内特、巴里·波兹尼克（Barry Poznick）、马克·霍夫曼，当然还有我的合作伙伴和导师，像我叔叔一样的斯蒂芬·罗斯。在我职业生涯的十字路口，你们都看到了我身上的潜力，而不是我的背景，为我每一次在职业生涯中的新突破铺平了道路。还有很多人比我自己更相信我的能力，我每天怀着感激之情将你们放在心里。

　　我希望你们在读这本书时，能时不时体会到那种让人不悦的真实感和脆弱感。我想感谢那些来自各行各业的怀抱非凡愿景的人，是你们的故事让"烧掉你的船"这个概念变得生动起来。我想特别感谢艾丹·基欧和迈克·坦嫩鲍姆，感谢你们的毫无保留，让我能够感受到你们对自我提升的不懈追求。

　　我想感谢每一位读过初始手稿的读者。你们用自己敏锐的洞察力、温和的反馈和充满爱意的鼓励让这本书变得更好，让《烧掉你的船》可以改变人们的生活：克劳迪娅·莱斯卡诺·德尔·坎波（Claudia Lezcano del Campo）、苏珊娜·诺维茨（Susanne Norwitz）、戴夫·沃伦（Dave Warren）、埃里克·范·瓦根（Eric Van Wagenen）、伊丽丝·普罗皮斯（Elyse Propis）、约翰·西奥拉（John Ciorra）、瓦内萨·巴列斯特罗斯（Vanessa Ballesteros），你们的评论拓宽了《烧掉你的船》的视野，让这本书能更好地为那些多年来被剥夺机会的人发声。

　　我是如何登上《创智赢家》节目并开始自己的试播电视节目的呢？是我的经纪人里德·伯格曼（Reed Bergman）发现了我未曾意识到的荧屏天赋，并让这一切成为现实。

　　我还要感谢我在 RSE 投资公司的团队，你们非常勤恳敬业，还有什么是你们做不到的呢？我们就像一支蚂蚁组成的队伍一样，能够承担比我们体重多几倍的重量。你们面对任何情况都能从容应对，让我不用分心，能够专注地写这本书，有时还能偷一下懒。乌代·阿胡贾、科琳·格拉斯、耶拿·德维科维奇（Ljena Dedvukovic），感谢你们对我们这支杰出团队的精心领导。杰西卡·里佐（Jessica Rizzo），没有你就没有 RSE，过去十年，你毫不动摇的正能量是我们所有人的礼物。卢·马加诺（Lou Majano），感谢你的帮助，你协调了写这本书需要的海量细节，安排了超过 50 场采访！

《烧掉你的船》得以问世，要归功于我那位思维广阔的著作代理人迈克尔·帕尔冈（Michael Palgon），经过一系列空气中氤氲着咖啡因的马拉松式白板会议，他最终打造了这本书。但我对于书籍的热爱始于贝芙莉·克莱瑞（Beverly Cleary），所以我加入了被她称为"家"的出版社——威廉·莫洛（William Morrow）出版社，这让我感到骄傲和怀旧。哈珀·柯林斯出版集团的马乌罗·迪普雷塔（Mauro DiPreta）首先发现了《烧掉你的船》的潜力，发现它能改变人们的生活，于是全力支持着我这位初出茅庐的新手作家，让这本书得以问世。感谢安德鲁·亚基拉（Andrew Yackira），你的每一次编辑都让这本书变得更好。卡罗尔·莱曼（Carol Lehmann），你是一位真正的艺术家，你绘制的封面如此具有吸引力，让人难以忽视。杰里米·布拉克曼（Jeremy Blachman）是我创作《烧掉你的船》时的合作伙伴，我们对创作的方方面面都进行了交流。在一年的时间里，我们开了无数次会，不断深入挖掘书中的思想，然后找到合适的故事和主题来强调每一个概念。很难想象会有人比你更关心你的书，但与杰里米一起工作就给了我这样的感觉。

还有我可爱的孩子们，写这本书最困难的地方就是完全不提你们的名字，就像多年以来我一直让你们远离大众的视线一样。但这是《烧掉你的船》中唯一不可靠的部分，如同一个谎言，因为我想让全世界都知道你们就是我的全部。我 15 岁的聪明的儿子，感谢你翻阅了这本书，你会发现你每一处精彩的修改我都采纳了（当然，会有一次测试）。

我母亲琳达去世时，她的银行账户中只剩下 100 美元的存款，但我继承了父母能给予孩子的最宝贵的礼物：充分相信自己的能力，相信自己能够解决遇到的任何事情。每一个荒唐的计划都得到了违背理性的支持。这本书的蓝图很早之前就在我们的餐桌上勾勒完毕了。关于我的童年，我在这本书中做了不少美化，我的兄弟托德（Todd）、蒂米（Timmy）和汤米（Tommy）也为我们的成长付出了很多，而我在书中并没有提及。但我想让你们知道，你们所做的一切我都看在眼里。托德，从小时候开始，你就一直是我的顾问。每个人都需要一个了解你全部经历的人，而对我来说，那个人就是你。

最后，还有我亲爱的妻子萨拉。我们怎么会这么幸运？你对我来说就是一切——我最好的朋友、我的灵魂伴侣、我找不到方向时的北极星，以及我不想前进时的共谋者。我最崇拜的人就是你。

这本书献给你们。

关于作者

马特·希金斯白手起家，曾多次创业，在 25 年的职业生涯中，他横跨多个行业，拥有丰富的运营经验。希金斯是私人投资公司 RSE Ventures 的联合创始人兼首席执行官。他卓越的商业才能还让他成了美国广播公司真人秀节目《创智赢家》第十季和第十一季的常驻嘉宾投资人。希金斯是直接面向消费者领域的资深投资人，他利用这一专长成了哈佛商学院的执行研究员，合作教授课程"超越直接面向消费者领域"。作为一个地地道道的纽约人，希金斯在 26 岁时被任命为纽约市市长办公室的新闻秘书，成了美国历史上最年轻的新闻秘书，在"9·11"事件发生后负责管理全球媒体的报道。后来他成了曼哈顿下城开发公司的首席运营官。在转向私营领域后，希金斯在两支美国国家橄榄球联盟球队担任了 15 年的高级领导，先担任纽约喷气机队的业务运营执行副总裁，然后担任迈阿密海豚队副主席近十年。2019 年，希金斯因其对社会做出的贡献，获得了埃利斯岛荣誉勋章（Ellis Island Medal of Honor），七位美国前总统、诺贝尔奖获得者和其他领导人也曾获此殊荣。他还是"自闭症之声"（Autism Speaks）董事会的长期董事，倡导该领域内的科学研究，呼吁包容神经多样性人士。